ALOHA!
夏威夷拼布大匯集

有關夏威夷拼布的由來和歷史

　　『夏威夷拼布』是傳承夏威夷傳統文化的工藝品，起源於1820年初期。當時，美國傳教士的妻子們為了教導夏威夷皇家的女性們「當個淑女或上流階級的女性應該具備的教養和禮貌」，在船上的茶會裡指導裁縫。

　　當時的夏威夷，還是處於布料不普及，一般島民用「kapa(樹皮製作的纖維)」裹身的時代。傳教士的妻子們，為了教導拼布都是從美國採購布料。但是，原本是為了廢物利用老舊衣類的拼布手法，卻變成把新布裁剪小塊，再加以接合的滑稽作法。因此，乾脆大膽直接使用大塊布，以家徽、旗幟、頭冠、羽毛飾品等「象徵地位、身份的裝飾品」作為主題，採用貼布縫手法誕生獨特的夏威夷拼布模式。數年後，除了縫製皇室家徽或裝飾品外，也出現以夏威夷自然景物為主題的拼布作品。

　　據說某天午後，發現晾在庭院樹上的白色床單，浮現著樹影，在陽光下照耀下猶如一幅美麗的畫，突然啟發想描繪夏威夷豐饒自然景物的靈感。做拼布的人們說，當時晾床單的樹稱為「歐比阿 雷夫阿」，但也有人説是「麵包樹」，至今依舊眾説紛紜。

　　夏威夷之所以擁有美麗的自然景物，傳説是因為到處都有夏威夷神在保護著他們。所以把意味著家族、祖先、夏威夷神居住的自然，用圖畫來表示，其意義就和夏威夷草裙舞和詠唱相同。之後含有豐富故事性的夏威夷拼布，其圖案也越來越複雜。為了能在布塊上正確描繪體材，也衍生出把布塊如「摺紙」一般，邊左右對稱邊摺成所謂的1/4摺或1/8摺。目的是不僅要把技術，也要把靈魂、故事傳給下一代。

　　在夏威夷拼布上獨見的echo quilting（重影壓線）中的echo意味著「重影」，亦即透過圍繞主題輪廓重複製造影子般的壓線，用來強調主題的形狀。

　　此外，重影（echo）和重影（echo）之間的「線條間隔」稱為「刻痕（notch）」，這種「刻痕（notch）」則有「被波浪侵蝕」的意思。

　　夏威夷拼布並非只是在表現可愛的物品或者當作土產的民俗藝品，而是充滿「夏威夷風」，圖案都是真的存在的夏威夷景物。所以從夏威夷王朝時代，夏威夷拼布就成了夏威夷人的榮耀，以及感謝蒙賜豐饒自然的心境表現。而且有愛、有魂。也象徵夏威夷人多麼敬愛神明、重視家人、祖先的表現。

HALOU KA RICO PUA O KALANIAKEA
三木　陽子

＊設計、製作協助＊
STADIO QUILT VAZZ（柴田AKEMI）
兵庫縣伊丹市西台4-3-3
TEL：072（772）3898

QUILT POT（瀧台裕子）
崎玉縣崎玉市浦和區高砂2-6-18 島田屋本田屋大廈4F
TEL：048（831）6603

HALOU KA RICO PUA O KALANIAKEA
（三木陽子）
東京都港區新橋4-26-4 GRAND SHARION BUILD 2F
http://www.kalaniakea-japan.com/

棉工房MIYAKO（小林美彌子）
長野縣長野市中御所3-6-17
TEL：026（228）0945

坂田PATCHWORK QUILT 教室（坂田美幸）
岐阜縣飛驒市神岡町朝浦1008-3
TEL：057（82）6155

STADIO GREEN FIELD（赤坂美保子）
神奈川縣橫濱市中區山下町100-3 LELENT山下町405
TEL：045（663）7372

SPOOL＆QUILT （林洋子）
神奈川鎌倉市扇谷1-9-14 2F
TEL：0467（24）0097

東京PATCHWORK QUILT CLUB（橫倉節子）
東京都港區赤坂3-12-11-3
TEL：03（5399）2086

BEE（田中夕紀子）
東京都西東京田無町4-22-3
TEL：0424（61）0654

K's Quilt Studio （湊啟子）
廣島縣廣島市西區己斐上2-71-11-201
TEL:082(272)1155

Handbags and Cosmetic Pouches

提包和小物包

提及夏威夷拼布，多半會聯想到大型的床罩、沙發罩等。但把喜歡的主題做成日常攜帶的提包或小物包，卻是能以輕鬆的心情馬上開始行動。

1 石栗的大提包（totebag）
　　…**Kukui**

1 圖案名/石栗
Candle Nuts
以粉紅色石栗為主題，縫製在優美綠色表布上的俏麗大提包。可當作子母袋使用的大尺寸也是魅力之一。
製作/滝澤紀子
設計/三木陽子
尺寸/縱42cm×橫60cm×襠16cm
作法＝47頁

2 圖案名/火鶴
Anthurium
搭配美麗同色系製作的肩背包。主題的大型火鶴圖案，在袋子的底部折疊成兩半。而提把的長度設計也剛好能穩定背在肩膀上。
設計、製作/湊啟子
尺寸/縱30cm×橫38cm
作法＝46頁

2 火鶴的肩背包

※作品以主題圖案來命名
（作品編號旁有夏威夷語的名稱介紹。）

3 大花曼陀羅的大提包（totebag）
…**Nānāhonua**

3 圖案名/大花曼陀羅
Angel Trumpet Flowers
提把使用表布和貼布加以配色編製，
是具備統一感的大型女用手提包。生
動活潑的大花曼陀羅主題，給人耳目
一新的印象。
設計/三木陽子
製作/岩谷TOMOKO
尺寸/縱34cm×橫56cm×襠15cm
作法＝48頁

4 麵包樹的手提包
…**'Ulu**

火鶴

4 圖案名/麵包樹
Bread of Fruits
此手提包是以自古就是夏威夷人民生活支柱的麵包樹當作主題，並
裝置竹子提把。大又圓的麵包果是象徵豐碩的高人氣主題，在典雅
的黑色表布的襯托下更顯美麗。
設計/三木陽子　製作/瀧澤紀子
尺寸/縱43cm×橫48cm
作法＝49頁

5 蠍尾蕉的大提包

5 圖案名/蠍尾蕉
Heliconia
在高雅的雲染表布上，大膽秀出蠍尾蕉的主題。但後側只用壓線來表現優美的形狀。
設計、製作/小林美彌子
尺寸/縱29.5cm×橫46cm×襠13cm
作法＝50頁

後側

6 圖案名/雞蛋花
Plumeria
把白色雞蛋花的主題加以巧妙配置，做成尺寸容易使用的大提包。由於表布是灰色的加光印花棉布，故會閃爍著高雅的光澤。
設計、製作/赤坂美保子
尺寸/底26.2cm×12cm×高29cm
作法＝51頁

雞蛋花（Plumeria）

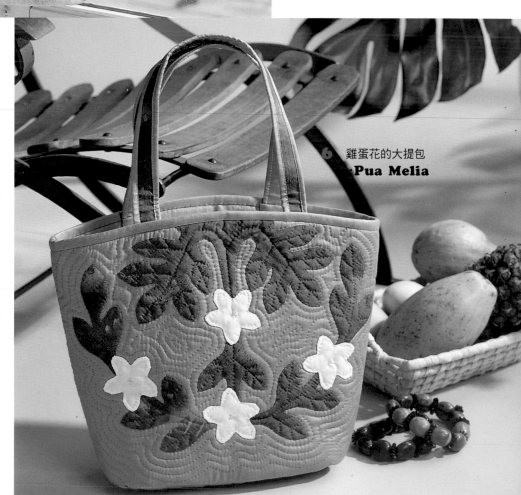

6 雞蛋花的大提包
Pua Melia

4

後側

7 大花曼陀羅的手提包
…**Nānāhonua**

百合的小物包
…**Lili**

大花曼陀羅的小物包
…**Nānāhonua**

大花曼陀羅

7・8 圖案名/大花曼陀羅
Angel Trumpet Flowers
大花曼陀羅會在黃昏時候飄散怡人的香氣，
故使用特別有氣氛的主題作圖案，來縫製充
滿個性的提包和小物包。
設計、製作/坂田美幸
7 尺寸/縱25cm×橫30cm×襠10cm
8 尺寸/縱12cm×橫19cm×襠5cm
作法7＝52頁　8＝53頁

9 圖案名/百合
Lily
在深色的表布上浮現淡色百合的小物包。
雖是擺放在提包裡面，但一樣能夠展現奢
華感。也可挑戰不同顏色的小物包。
設計、製作/小林美彌子
尺寸/縱13.5cm×橫26cm×襠5cm
作法＝53頁

5

後側

10 圖案名/雞蛋花
Plumeria
這是方便使用，尺寸又大的縱長形提包。以時髦
的配色，全面大膽配置雞蛋花圖案。後側則只做
壓線而已。
設計/坂田PATCHWORK QUILT 教室　小野美智子
尺寸/底31cm×16cm×高41cm
作法＝54頁

雞蛋花（Plumeria）

10 雞蛋花的提包
···**Pua Melia**

11 芒果的手提包
···**Manakō**

11 圖案名/芒果
Mango
鮮豔色彩的組合在陽光下奪目迷
人，主題是芒果的手提包。竹製
的提把也是重要裝飾。
設計/三木陽子
製作/河合美佳
尺寸/縱33cm×橫25cm
作法＝55頁

芒果

酪梨

12　圖案名/酪梨
Avocado
這是方便每天提著購物的大尺寸提包。表布
用柔和的米黃色，搭配焦茶色的酪梨主題，
是令人印象深刻的設計。
設計/三木陽子
製作/今井香織
尺寸/縱38cm×橫56cm×襠20cm
作法＝56頁

12　酪梨的提包
…**Pea**

麵包樹

13 麵包樹的小物包
　　…'**Ulu**

13 圖案名/麵包樹
Bread of Fruits
用色彩柔和的雲染加以組合，以麵包樹為
主題的小物包。因為拉鍊口大，又有足夠
的襠份，所以方便使用。
設計/三木陽子
製作/池田美彌子
尺寸/縱12.5cm×橫18cm×襠6cm
作法＝57頁

14 海龜的小物包
　　…**Honu**

海龜

14 圖案名/海龜
Turtle
海龜的夏威夷語稱為「Honu」。把可愛的
海龜游水模樣當作主題，點綴在雲染的表
布上做成小物包。形狀和作品13一樣。
設計/三木陽子
製作/池田美彌子
尺寸/縱12.5cm×橫18cm×襠6cm
作法＝59頁

Travel Conveniences

旅行用的便利提包和小用品

旅行的魅力就是能享受別於日常的生活，所以能擁有純屬自己的空間將令人興奮。就使用相同的風格來統一旅行用的肩背包和小物吧！

15 龜背芋的肩背包

15 圖案名/龜背芋
Monstera

最適合輕鬆旅行用的大尺寸肩背包。使用夏威夷常見的龜背芋當作主題，以成人風味的同色系濃淡來統合。背著時能夠自然順著身體的曲線也是一大魅力。
設計/三木陽子
製作/KALANIAKEA 拼布教室學生共同作品
尺寸/縱39.3cm×橫54cm×襠20cm
作法＝60頁

龜背芋

17 蕨葉和龜背芋的衣架罩
···Lau a'e

16 龜背芋的貴重物品袋

16 拿掉緞帶的情形

18 龜背芋和蕨葉
的飾品袋
···Lau a'e

19 麵包樹的太陽眼鏡袋
···'Ulu

18 打開的情形

這些是搭配作品15的提包所製作的旅行便利小物。以方便使
用的款式、典雅的色調和圖案完成的俏皮作品,讓自己在旅
途中也能擁有完全自我的空間。
16~19設計、製作/三木陽子
尺寸16/縱25cm×橫22cm
尺寸17/縱19cm×橫47cm
尺寸18/縱26cm×橫16.5cm
尺寸19/縱18.5cm×橫9.5cm

作法　16、19＝62頁
　　　17＝61頁
　　　18＝63頁

蕨葉

11

色調高雅的夏威夷拼布

顏色對比鮮明的夏威夷拼布雖令人印象深刻,但使用同色系的組合,也充滿個性魅力。

20 圖案名/ 火鶴＆龜背芋
Anthurium & Monstera
把主題的龜背芋和火鶴配置在中央的可愛提包。木製提把是重要裝飾。
設計、製作/柴田AKEMI
尺寸/縱27.5cm×橫30cm
作法＝66頁

21 圖案名/ 幾何圖案
Geometrical Pattern
方便使用的縱長形提包配置幾何圖案,搶眼別緻。所以無論有多少個這樣的提包都不嫌多,而且容易搭配衣服的茶色系,使用率總是最高。
設計、製作/ AKEMI DE VAZZ 津田育子/
尺寸/縱31.5cm×橫32cm×襠9cm
作法＝64頁

21 幾何圖案的提包

20 火鶴、龜背芋的提包

22 · 23

圖案名/ 樹葉

Leaf

這是用樹葉為主題，讓人聯想到樹蔭的肩背包，以及同圖案的手機袋。因手機袋的提把部分有掛勾，所以可扣在提包一起使用。

設計、製作/ AKEMI DE VAZZ 左近久美子

尺寸22/縱15cm×橫18cm×襠4cm

尺寸23/縱11cm×橫9cm×襠2cm（摺疊手機用）

作法＝22＝67頁

23＝64頁

打開蓋子的情形

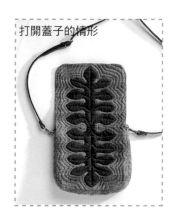

22 樹葉的肩背包

…Lau

23 樹葉的手機袋

…Lau

24 雞蛋花的小物包

…Pua Melia

24 圖案名/雞蛋花

Plumeria

擺放化妝品或小物用的小物包是女性們的必需品。由於有可愛的提把，所以用來擺放零錢包和手機袋也OK。上面縫製一朵雞蛋花顯得楚楚可憐。

設計、製作/ AKEMI DE VAZZ 高島右子

尺寸/縱11.75cm×橫19.5cm×襠2.5cm

作法＝68頁

13

40頁作品76的過程解說照片
製作麵包樹的迷你壁飾

指導/三木 陽子

●麵包樹的迷你壁飾

●材料

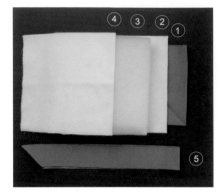

① 貼布用布（淡綠素面）35cm×35cm
② 表布（白色素面）40cm×40cm
③ 鋪棉40cm×40cm
④ 襯布（白色素面）40cm×40cm
⑤ 滾邊用的滾邊布（淡綠素面）4cm×140cm

※斜紋滾邊條的作法參照103頁。

1/8實物大小的型紙在122頁

●製圖

●用具

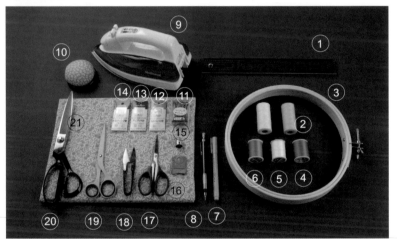

① 直尺
② 疏縫線
③ 繡框
④ 貼布用線（和貼布同色的60號針車線）
⑤ 壓線用線（和表布同色的45號手縫線）
⑥ 壓線用線（和貼布同色的45號手縫線）
⑦ 水消筆
⑧ 自動鉛筆（2B）
⑨ 電熨斗
⑩ 針插
⑪ 珠針（細長型）
⑫ 疏縫針
⑬ 貼布縫針
⑭ 壓線縫針
⑮ 凹槽型頂針器
⑯ 錢幣型頂針器
⑰ 貼布用剪刀（短吻尖細形）
⑱ 剪線剪刀（前端彎翹的剪線刀也很好用）
⑲ 剪紙剪刀（剪紙專用型）
⑳ 剪布剪刀（概略剪裁時使用）
㉑ 墊布（用熨斗時墊於下方的布）

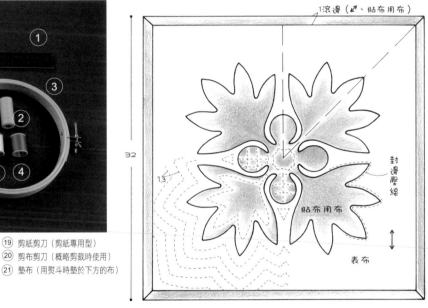

1滾邊（∠↘、貼布用布）
32
1.3
封邊壓線
貼布用布
表布
32

1.決定圖案　☆製作原始型紙的方法。但製作本書刊載的作品，可影印附贈的型紙使用☆

1 參考圖案用的植物或照片加以描繪。

2 簡略線條，製作1/8的圖案。也畫上葉脈當作壓線用線條。

3 決定好圖案之後，剪下當作型紙。型紙的厚度如影印紙就可以。

2. 裁剪布塊　☆貼布用布要摺疊裁剪☆

1 準備正方形的貼布用布。

2 四角對準加以對摺。

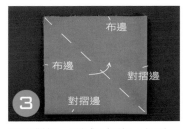

3 再次對摺，形成1/4的正方形。

4 對準摺痕，摺成三角形。

5 用電熨斗燙出清楚摺線。

6 把依裁切線剪下的型紙中心對準布的中心置放。用珠針從中央附近固定。若是大張型紙，則要用數支珠針從中央以放射狀固定。

7 用自動鉛筆臨摹型紙的線。細縫處，稍微移動型紙再畫。

8 拿開型紙，將貼布用剪刀裁剪。此時左手要握住摺邊線附近，避免8片布移位。

9 經常保持剪刀前端和左手拇指對齊，邊轉動布塊邊裁剪。

10 完成貼布的裁剪。

3. 打開布塊　☆把貼布疊放在表布上並且打開☆

1 表布也如貼布一般先摺疊，然後用熨斗燙出摺線。

2 貼布片對齊表布摺線置放。

3

把開1/8的貼布片再切開成為1/4。邊把表布和貼布的摺線對齊邊打開。

4 把1/4的貼布片打開成為1/2。

5 接著全部打開貼布片。全部的摺線都要對齊。

6

在表布的縱橫中心線、對角線和完成線，都用疏縫（藍色）做記號。並在2片的中央用疏縫線牢牢固定。接著在貼布上進行疏縫（白色）。

4.進行貼布縫　☆使用細線，藏住縫線為重點☆

① 邊觀察型紙邊用水消筆以目測在貼布上畫完成線（0.3cm內側）。

② 用1股貼布用線來縫合。線打結，從貼布裡側出針（使用紅色線）

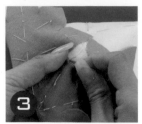

③ 用左手的拇指和布下的食指壓住布塊，用針尖摺入縫份。

④ 在表布挑1針從貼布上出針。此時在比完成線略靠近縫份側出針。

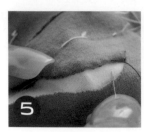

⑤ 做藏針縫避免縫線外露。

內側彎角（狹窄的內彎處或轉角）

☆內彎處和轉角的縫份較少，所以不做藏針縫而以跨線來補強☆

① 縫到轉角前2～3mm為止，然後用針尖朝對邊縫份製作摺線。

② 並從貼布轉角後約2mm位置出針。

③ 接著把針刺入表布（內彎角中央），拉線橫跨。

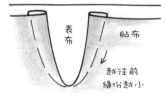

內側彎角的縫份

表布　貼布　越往前縫份越小

④ 拉線，從1～2mm側邊出針。再次從表布的同處入針。

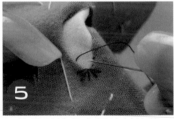

⑤ 如此般從轉角處以放射線狀，橫跨5條線。

⑥ 從裡側觀看縱形藏針縫的情形。

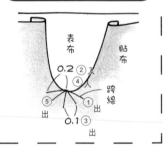

跨線的方法

表布　貼布　跨線
0.2 ② 入
④ 入
⑤ 出　① 出
0.1 ③
出　出

重點（前端）

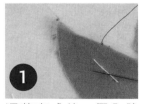

① 順著完成線，摺入縫份。

摺入　完成線

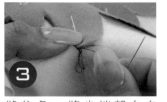

② 將對側的縫份摺向內側（避免從表側看到），用手指壓住。

摺入　完成線

完成貼布縫的情形

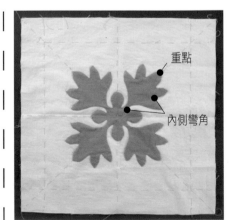

重點　內側彎角

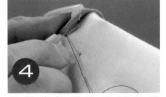

③ 縫住角，將尖端朝向自己，挑1針，拉線。

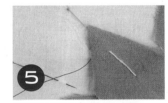

④ 用針尖把貼布的縫份推入。

⑤ 用藏針縫避免縫份外露。

5.縫壓線　☆上層布、鋪棉、襯布重疊，3片一起縫壓線☆

縫壓線的準備

1 邊看型紙邊畫壓線線條（使用自動鉛筆）

2 邊看製圖，邊以1.3cm間隔畫上重影壓線的線條。

3 把襯布、鋪棉和縫好貼布的表布（上層布）重疊一起。

4 從中心向外以放射狀做疏縫。依據縱橫十字→斜線→之間的順序作業。

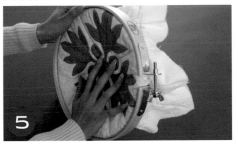

5 接著套上繡框，用手壓壓中央，讓拼布稍微鬆弛後再鎖緊繡框螺絲。

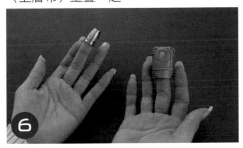

6 右手（拿針的手）中指套上錢幣型頂針器，左手（接針的手）中指套上凹槽型頂針器。

縫壓線的開始（線頭的處理）～縫壓線的順序

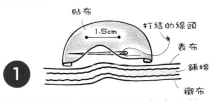

1 縫壓線的刺入起點要在貼布中心部。起先在距離刺入起點位置的1.5cm處，從貼布挑1針。

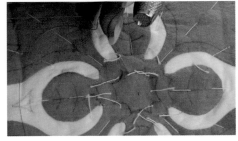

2 針尖從要刺入的起點位置出來，然後用力拉線，把線頭拉到貼布裡側。

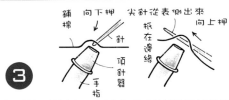

3 左手放到繡框下，用右手頂針器把針往下壓，碰到左手的頂針器邊角後，接著再用右手頂針器把針往斜上方推，使針尖從表側出來。如此反覆縫3～4針。

縫壓線的手勢

4 貼布上的壓線完成後，接著在貼布邊緣的表布上做封邊壓線。封邊壓線具有讓貼布圖案浮高、膨脹的效果。

5 完成封邊壓線之後，從內往外進行重影壓線。

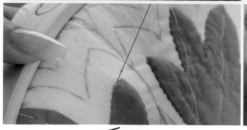

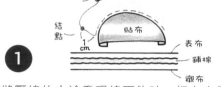

結點 貼布 表布 鋪棉 襯布

❶ 縫壓線的中途發現線不夠時，把布表側的線打個結做線頭。線頭要距離布1cm。

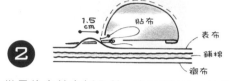

1.5cm 貼布 表布 鋪棉 襯布

❷ 從最後出針處插入針，在距離1.5cm的位置出針。

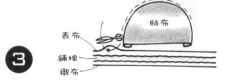

貼布 表布 鋪棉 襯布

❸ 用力拉線，把線頭拉到布的裡側。剪斷線。

6.進行滾邊　　☆使用細線，藏住縫線為重點☆

❶ 需保留縫份，減掉多餘的上層布。

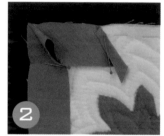

❷ 在滾邊布的1cm內側畫線，滾邊布在起縫處摺入1cm，對齊拼布邊緣擺放。為使轉角正確擺放在拼布縫份位置，要摺疊並用珠針固定。

❸ 上邊做疏縫。在到達轉角的1cm之前做結點。

❹ 下一邊是從轉角後的1cm起做疏縫。

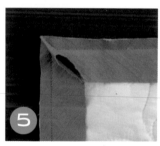

❺ 接下來進行車縫，在轉角分別做回針縫，剪斷線後再進行下一個邊。

❻ 把滾邊布翻摺到襯布側。

❼ 摺疊轉角做藏針縫。

❽

| 完成 | 從表側看的情形 | 從裡側看的情形 |

過程的指導和解說　三木　陽子　拼布設計師

出身東京都。
擔任設置在夏威夷歐胡島「卡那奧哈」的「Halau Ka Pua O Kalaniakea」
之日本分校，位於東京都港區新橋的「Kalaniakea Hawaiian Quilt Class」
的主辦專任講師。為了研究夏威夷拼布的主題圖案，常攀登夏威夷各島上
的山峰，也自我充實夏威夷的植物學、地質學和飲食文化。
著書有「夏威夷拼布」、「夏威夷拼布的貼布樣版100」、「夏威夷拼布樣
版書」、「夏威夷拼布的提包」。
網址 http://www18.ocn.ne.jp/~hawaiian/

---KALANIAKEA　夏威夷拼布教室---

〒105-0004　東京都港區新橋4-26-4　GRAND SHARION BUILD 2F
　　　　　　HALOU KA RICO PUA O KALANIAKEA
　　　　　　山崎左和子 HULA STUDIO
KALANIAKEA網址　　　http://www.kalaniakea-japan.com/
●拼布教室的上課時間（上課日和時間）
　　上課日---第1、第2、第3週的各星期四，一天3次
　　時　間---A班　12：45～14：45
　　　　　　　B班　15：30～17：30
　　　　　　　C班　18：30～20：30
●試聽教室的上課時間（上課日和時間）
　　上課日---第4個週四，一天2次。
　　時　間---A班　15：00～17：00
　　　　　　　B班　18：30～20：30

應用　　圓弧彎角的滾邊（裝入繩子的模式）

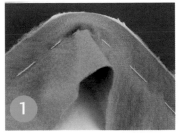

①　把滾邊布對齊拼布的彎角做疏縫。

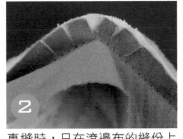

②　車縫時，只在滾邊布的縫份上打牙口。

③　繩子（在此使用0.7cm粗的圓繩）也對齊彎角做疏縫。

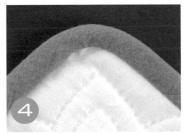

④　包住繩子，在裡側做藏針縫。

夏威夷的島花拼布

夏威夷州是位於南太平洋正中央的綠地。由8個大島和許多小島所構成。州花是黃色的扶桑花。而且8個大島也各有其象徵花和顏色。以下作品就是以其中的夏威夷島、歐胡島、毛洛開島、茂伊島和考艾島等5島的花卉當作主題。

Hawaii

夏威夷島

島色---紅色
島花---桃金孃樹的桃金孃花

Ōhi'a Lehua

一般，我們不會說櫻花樹的櫻花，但在夏威夷，「Ohia Lehua」的正確說法就是「桃金孃樹的桃金孃花」。屬於夏威夷的固有種，實際的花色是血紅色。傳說源自火神「蓓蕾」和其妹妹「喜阿卡」，與其姊妹的情人「歐希亞（Ohia）」的悲傷愛情故事。

25 桃金孃花的壁飾
···**Ōhi'a Lehua**

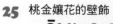

25 圖案名/ 桃金孃花
Ohia Lehua
桃金孃的熱情紅色和茶色的對比清晰映在眼前的壁飾。其中深茶色部分表示溶岩。可當作沙發坐墊或臥房裝飾品。
設計/三木陽子
製作/立花由佳
尺寸/縱52cm×橫52cm
作法＝69頁

26 圖案名/ 桃金孃花
Ohia Lehua
這是在淡橙紅色上有效搭配紅色桃金孃花的主題，容易使用又灑脫的肩背包。內側的夏威夷印花布也沿著圖案縫壓線。
設計/三木陽子
製作/瀧澤紀子
尺寸/縱20cm×橫36.5cm×襠8cm
作法＝70頁

26 桃金孃花的小型肩背包
···**Ōhi'a Lehua**

桃金孃花

27 · 28

.圖案名/ 桃金孃花
Ohia Lehua
旅行時攜帶方便的珠寶盤是綁起四
角來構成立體型態。大小兩件的主
題各不同。可擺放客人用毛巾、香
皂，置放在浴室。
設計/三木陽子
製作/高橋牧子
尺寸27/底25cm×25cm×高8cm
28/底15cm×15cm×高5cm
作法27、28＝86頁

27 桃金孃花的珠寶盤（大）
…**Ōhi'a Lehua**

桃金孃花的面紙盒罩
…**Ōhi'a Lehua**

桃金孃花的珠寶盤（小）
…**Ōhi'a Lehua**

29 圖案名/ 桃金孃花
Ohia Lehua
面紙盒罩是使用同色系來表現時尚印象。
擺放在賓客聚集的起居室或房間角落來欣
賞美麗的配色，如何呢！
設計/三木陽子
製作/ KALANIAKEA 拼布教室學生共同作品
尺寸/縱12cm×橫25cm×高7.5cm
作法＝88頁

Moku ō Oʻahu

Oahu

歐胡島

島色---黃色
島花---伊利瑪　　**Ilima**

模樣有點像日本棣堂花的伊利瑪是種非常小的黃色花。過去只有王族或身份高的人才允許戴伊利瑪花圈。而現今也是只有特別場合才能使用,被視為高貴又有氣質的歐胡島島花。

30 圖案名/馬伊雷＆伊利瑪
Native twining strub & Sidax Fallax
這個圓形抱枕套的主題是伊利瑪小花和馬伊雷葉子編織成的高貴花圈。像這般中間沒有圖案的主題會洋溢著流動感。
設計/三木陽子
製作/藤岡美智
尺寸/直徑52cm
作法＝73頁

31 圖案名/伊利瑪花
Sidax Fallax
這是能感受夏威夷王朝時代的主題。王冠上搭配馬伊雷和卡希利。然後以獻上伊利瑪花圈的意象來設計圖案。
設計/三木陽子
製作/高橋牧子
尺寸/縱56cm×橫56cm
作法＝71頁

31 伊利瑪花的抱枕套
···**Ilima**

30 馬伊雷＆伊利瑪的圓形抱枕套
···**Maile & Ilima**

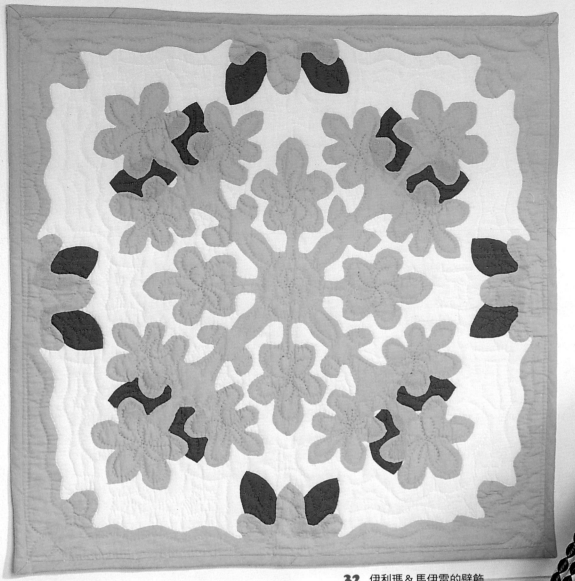

32 圖案名/伊利瑪＆馬伊雷
Sidax Fallax & Native twining strub
主題是鮮黃色的伊利瑪花，以及在花後四處窺視般的馬伊雷葉。可裝飾在室內角落帶來明亮感。除了當作壁飾以外，也可擺放在室內中心點，當作最搶眼的裝飾。
設計/三木陽子
製作/今井香織
尺寸/縱52cm×橫52cm
作法＝72頁

伊利瑪

各種伊利瑪的花圈

Moku ō Moloka'i

Molokai

毛洛開島

島色---綠色
島花---石栗　　**KuKui**

Kukui原文有發光的意思。實際上被
當作燃料、食物和藥草。而且石栗油
可當芳香劑塗抹身體，或當食用油使
用。在美麗綠色中帶著些許銀色，感
覺有些透明的綠色石栗是「富饒」和
「恩賜」的象徵。

34 石栗花圈的壁飾
　　…**Kukui**

33 石栗的抱枕套
　　…**Kukui**

33 圖案名/ 石栗
Candle Nuts
使用葉片和大顆果實作為圖案特徵
的抱枕套。可愛的圓形石栗配置得
十分平衡，表布則是選用毛洛開島
的象徵色 — 綠色。
設計/三木陽子
製作/今井香織
尺寸=縱52cm×橫52cm
作法=74頁

34 圖案名/ 石栗花圈
Candle Nuts
以無窮魅力的石栗果實花圈包圍著
石栗樹做圖案的漂亮壁飾。穩重的
沙米黃色和室內的顏色十分調和。
設計/三木陽子
製作/山崎博子
尺寸=縱52cm×橫52cm
作法=75頁

36 石栗的茶壺保溫罩
⋯**Kukui**

35 石栗的糖罐、奶油⋯
⋯**Kukui**

37 石栗的杯墊
⋯**Kukui**

38 石栗的餐墊
⋯**Kukui**

石栗

35〜38　圖案名/ 石栗
Candle Nuts
白色基調搭配紫色主題非常有
效果。招待重要客人時，推薦
使用這種洋溢清潔感的色調。
半圓形的茶壺保溫罩是以王妃
后冠做造型。

設計/三木陽子
製作/田中元子
尺寸　35/縱24cm×橫32cm
　　　36/縱22cm×橫38cm
　　　37/直徑14cm
　　　38/縱38cm×橫46cm
作法35、37、38＝76頁
　　　　36＝77頁

25

Moku ō Maui

Maui

茂伊島

島色---粉紅色
島花---茂伊玫瑰　**Loke Lani**

Loke Lani就是茂伊玫瑰。「Loke」意味玫瑰，「Lani」意味天堂，所以Loke Lani含有在天堂綻開的美麗玫瑰的意思。會散發甘甜優雅的怡人香氣。花瓣的外側呈現接近紅色的深粉紅色，越靠內側則變成對比的柔美嬰兒粉紅色，是非常珍貴的花種。

39 茂伊玫瑰的壁飾
…**Loke Lani**

39 圖案名/茂伊玫瑰
Maui Rose
茂伊玫瑰綻開美麗大花時，緊閉花蕾的嬌小模樣，以及慢慢甦醒花瓣即將展開的瞬間，把這三種感覺當作主題所設計的壁飾。
設計/三木陽子
製作/高橋牧子
尺寸/縱64cm×橫64cm
作法＝78頁

40 圖案名/茂伊玫瑰和茶樹葉
Maui Rose ＆ Ti Leaf
以白色為底色搭配淡粉紅色的茂伊玫瑰，周圍環繞著茶樹葉，整體以柔美的色調來展現溫柔沈穩的感覺，最適合裝飾臥房或嬰兒房。
設計/三木陽子
製作/三瓶明實
尺寸/縱52cm×橫52cm
作法＝79頁

40 茂伊玫瑰＆茶樹葉花圈的壁飾

…**Loke Lani ＆ Kī**

茂伊玫瑰的小提包
···**Loke Lani**

41 圖案名/茂伊玫瑰
Maui Rose
黑色的表布和深紅色的主題產生強
烈的對比。如此大小的提包最適合
短時間外出或旅遊中外出時攜帶。
設計/三木陽子
製作/瀧澤紀子
尺寸/縱23cm×橫22cm
作法＝80頁

茂伊玫瑰

42 圖案名/茂伊玫瑰
Maui Rose
圓筒型的旅行手提包，最適
合用自在奔放的茂伊玫瑰當
主題。而以表布和貼布配色
編織的提把也十分搶眼。上
才藝班或去運動時攜帶更具
個性美。
設計/三木陽子
製作/山崎博子
尺寸/橫寬50cm×襠直徑22cm
作法＝81頁

42 茂伊玫瑰的圓筒包
···**Loke Lani**

Moku ō Kaua'i

Kauai

考艾島

Moki hana
From "LEI ALOHA"
by Marsha Heckman(p.45) Isand Heritag

島色---紫色
島花---摩奇花　**Moki hana**

考艾島是別稱為「Green Island」的深綠色美麗島嶼。而摩奇花（Moki hana）是夏威夷固有種植物之一的原生種。探訪世界也僅有夏威夷的考艾島才生息這種植物。果實會從漂亮的綠色轉成深綠色，之後變成紫色。樹葉是長圓形，果實有豐潤的香氣。

43～45
圖案名/摩奇花和馬伊雷的花圈
Kauai Islands Native Tree & Native twining strub

紫色是考艾島的島色，也是高貴的顏色。圖案象徵使用具有神聖意義的馬伊雷加以淨化，再用摩奇花果實加以圍繞。共設計三種大小尺寸，不僅方便使用，也可當作重要佈置品。
設計/三木陽子
製作/岩谷TOMOKO
尺寸43/高7cm×底直徑10cm　44/高13cm×底直徑18.3cm　45/高21cm×底直徑24.5cm
作法43～45＝82頁

摩奇花的小物筒（大）
…**Moki hana**

摩奇花的小物筒（中）
…**Moki hana**

43　摩奇花的小物筒（小）
…**Moki hana**

'Āinapuni'ole Hawai'i

夏威夷州的花 扶桑花

州花---黃色的扶桑花

扶桑花是顏色繁多,又充滿南國情調的夏威夷象徵花。其實原本是外國種,是經過長年栽培的他國引入花卉。固有種是白色扶桑花。只有夏威夷島、考艾島和歐胡島才有。那麼,為何會變成黃色呢?原因是經過嘗試交配改良的顏色,可說是人工品種。因黃色自古就有「幸福」「富有」「希望」「領導」「高貴」「品味」「光榮」以及「和平」等涵意,所以州花的顏色選定為黃色。

47 圖案名/扶桑花
Hibiscus
襯托高貴黃色的藍色是意象海洋的顏色。這種袖珍型提包非常方便日常攜帶,大小大致可容納手機、化妝包等必要物品。
設計/三木陽子
製作/立花由佳
尺寸/縱19.5cm×橫40cm×襠10cm
作法=83頁

夏威夷原產的固有種扶桑花。

47 扶桑花的迷你手提包
···**Aloalo**

46 圖案名/扶桑花
Hibiscus
裝在提包裡的小包面紙,也可添加這樣的袋子來表現優雅風情。紅色的扶桑花圖案十分可愛。當禮物送人也必然廣受歡迎。
設計/三木陽子
製作/山村綠子
尺寸/縱9.5cm×橫14cm
作法=77頁

46 扶桑花的小包面紙袋
···**Aloalo**

廚房小物

每天都會使用的廚房、餐廳，是呈現自己喜歡小物的最佳舞台。無論擁有多少都不嫌多。隔熱端鍋布、茶具墊雖都是小東西，但卻是能有效發揮主題的物品。

49 圖案名/火鶴
Anthurium
使用濃淡的同色系來表現清爽氣息，火鶴花的主題也能清晰浮顯。
設計、製作/小林美彌子
尺寸/縱22cm×橫22cm
作法＝88頁

49 火鶴的隔熱端鍋布

48 龜背芋的隔熱端鍋布

50 麵包樹的隔熱端鍋布
····'Ulu

48 圖案名/龜背芋
Monstera
活用龜背芋葉形狀的可愛隔熱端鍋布，不僅方便使用，自然的色調也讓廚房更有氣氛。
設計、製作/坂田美幸
尺寸/縱26.5cm×橫21cm
作法＝86頁

50 圖案名/麵包樹
Bread of Fruits
高人氣的麵包樹主題是使用大地顏色的茶色，搭配橙色的底色相當協調亮眼。
設計、製作/小林美彌子
尺寸/縱22cm×橫22cm
作法＝88頁

51·52 圖案名/薑花
Ginger Flower
對角裝飾搶眼薑花的茶具墊。加
上仔細縫上的重影壓線，更添幾
分手製的溫馨感。
設計/BEE
製作/原口一枝
尺寸/縱27.5cm×橫37cm
作法51、52＝84頁

薑花

51 薑花的茶具墊
…**'Awa Puhi**

52 薑花的茶具墊
…**'Awa Puhi**

53 石栗的茶具墊
…**Kukui**

53·54 圖案名/石栗
Candle Nuts
把餐廳襯托出明亮感的石栗
茶具墊。是容易縫製，送禮
也討喜的作品。
設計/BEE
製作/三野美智
尺寸/縱27.5cm×橫37cm
作法53、54＝84頁

54 石栗的茶具墊
…**Kukui**

佈置用小物

家人歡聚的起居室或臥室,可佈置小物當作裝飾重點。能感受豐饒夏威夷的小物,會讓生活添增溫馨感。

56 芒果的抱枕套
…**Manakō**

55 鳶尾花的抱枕套
…**Mau'u lā'ili**

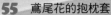

芒果
From "HAWAIIS Beautiful TREES"
by LEALAND MIYANO

55 圖案名/ 鳶尾花
Iris
以鳶尾花為主題,令人難忘的美麗抱枕套。清爽色調的應用也是一大魅力。
製作/湊啟子
尺寸/縱48.6cm×橫48.6cm
作法=84頁

56 圖案名/ 芒果
Mango
會結眾多果實的芒果,是具有蒙受自然恩賜感的高人氣主題。並用同色系來展現高尚格調。
設計/三木陽子
製作/池田美彌子
尺寸/縱47cm×橫47cm
作法=84頁

58
圖案名/ 龜背芋
Monstera
日常使用的面紙盒,加
了這樣的套子即變成了
新潮佈置上的美麗裝飾
品。也適合當禮物。
設計/三木陽子
製作/高橋牧子
尺寸/縱12cm×橫25cm×
高7.5cm
作法=88頁

57
59 圖案名/ 鳳梨
Pineapple
利用四角綁帶的模式。可擺
放夏威夷珠寶或飾品。也可
置放在玄關收納鑰匙、手錶
等…,是尺寸方便使用的小
物容器。
設計/三木陽子
製作/田中元子
尺寸57/底15cm×15cm×高5cm
59/底25cm×25cm×高8cm
作法57、59=86頁

58 龜背芋的面紙盒套

59 鳳梨的珠寶盤(大)
···**Halā Kahiki**

57 鳳梨的珠寶盤(小)
···**Halā Kahiki**

60 木玫瑰的珠寶盒
···**Pili Kai**

From 「HAWAIIAN QUILTING」
instructions and Full-Size Patterns for
20 Blocks by Elizabeth Root

作品60打開的情形

60
圖案名/ 木玫瑰
Wood Rose
這是以木玫瑰為主題,色調相當協調優雅
的珠寶盒。盒內細分小格,使用方便度超
群。另點綴少許珠子來添增精緻感。
設計/三木陽子
製作/ AKEMI DE VAZZ 中務壽美江
尺寸/縱32.5cm×橫32.5cm×高6cm
作法=90頁

62 圖案名/ 麵包樹
Bread of Fruits
以欣賞典雅雲染的感覺加以置放的抱
枕。由於周邊還有毛球邊飾，所以相
當俏麗。
設計/橫倉節子　製作/神保敬子
尺寸/縱30cm×橫30cm
作法＝91頁

63 圖案名/火鶴
Anthrium
藍色的火鶴清晰地從黃色表布上浮
現。花蕊使用別色，成為裝飾焦
點。
設計/橫倉節子　製作/市川紫乃
尺寸/縱30cm×橫30cm
作法＝91頁

火鶴的小抱枕

62 麵包樹的小抱枕
···**'Ulu**

61 鳳梨的小抱枕
···**Halā Kahiki**

鳳梨

61 圖案名 / 鳳梨
Pineapple
本抱枕是使用最能表現夏威夷明亮印象的
色調。用白色表布來烘托主題更加可愛。
設計/橫倉節子
製作/谷江知香子
尺寸/縱30cm×橫30cm
作法＝91頁

64 扶桑花的花圈
···**Aloalo**

67
圖案名/ 扶桑花
Hibiscus
使用典雅的同色系，
把扶桑花的圖像清楚
表現。以相同主題縫
製幾個不同顏色的作
品也很有趣。
設計/三木陽子
製作/小宮泰子
尺寸＝縱21cm×橫36cm
作法＝92頁

66 海豚和海龜的小抱枕
Lapalapa & Honu

67 扶桑花的小抱枕
···**Aloalo**

64
圖案名/扶桑花
Hibiscus
大方展現著紅色扶桑花的門飾
花圈。在聖誕季節，不僅可掛
在門上裝飾，也可添加枸骨、
樅樹，中央擺放聖誕紅盆栽一
起佈置，更加美麗。
設計/三木陽子
製作/杉谷未央
尺寸/直徑50.5cm
作法＝92頁

65 鳳梨的小抱枕
···**Hala Kahiki**

65
圖案名/ 鳳梨
Pineapple
色調典雅，以鳳梨為主題的迷
你抱枕。在聖誕季節也可當作
裝飾用品。
設計/三木陽子
製作/潼澤紀子
尺寸/縱21cm×橫36cm
作法＝92頁

66
圖案名/海豚和海龜
Dolphin & Turtle
這是以海豚和海龜為主題的可
愛小抱枕。採用大人味的藍色
來組合，別有一番新鮮感。
設計/三木陽子
製作/橋本HOZUMI
尺寸/縱21cm×橫36cm
作法＝92頁

使用夏威夷樂器做主題

烏克麗麗琴、演奏草裙舞所用的樂器類,都和植物一樣,與夏威夷人的生活有著密切的關係。所以做為夏威夷拼布的主題,既有個性又別緻。

68 烏克麗麗琴和花的大提包
···'**Ukulele & Pua**

68・69

圖案名/
烏克麗麗琴和花的大提包
Ukulele & Flower
同樣的主題卻出現不同的顏色。巧妙配置烏克麗麗琴、花和葉子,使整體圖案平衡良好。容易使用的尺寸也是吸引人的要素。
設計/林洋子
製作/68=林洋子 69=仁藤絹子
尺寸68、69/底27.5cm×10cm×高27cm
作法68、69=94頁

69 烏克麗麗琴和花的大提包
···'**Ukulele & Pua**

70 圖案名/ 夏威夷樂器

Hawaiian Musical Instrument

以烏里屋里、依發克、帕夫鼓和烏克
麗麗琴等夏威夷樂器為主題,再添加
馬伊雷所構成的多彩壁飾。可裝飾在
牆壁,也可鋪在桌面中央裝飾等,用
法充滿創意。

設計/三木陽子
製作/藤岡美智
尺寸/縱52cm×橫52cm

作法＝95頁

71 圖案名/ 烏克麗麗琴和馬伊雷

Ukulele & Native twining strub

色彩優雅的圓筒包上是使用烏克麗麗
琴和馬伊雷的主題。高雅迷人,是半
常逛街最適合攜帶的提包。

設計/三木陽子
製作/藤岡美智
尺寸/橫寬50cm×襠直徑22cm

作法＝96頁

71 烏克麗麗琴和馬伊雷的圓筒包
···**'Ukulele & Maile**

72 天堂鳥的裝飾框

幻影拼布

在貼布上覆蓋歐根紗，然後在主題上繡縫的手法。把大膽的主題或色調加以柔和化，展現獨特的魅力。值得推薦初學者學習。

72 圖案名/ 天堂鳥
Bird of Paradise
天堂鳥（Bird of Paradise）是具備個性美以及南國色彩的花卉。而使用這樣的主題就是要表現夏威夷開朗活潑的印象。
設計/林洋子
製作協助/大森佳代
尺寸/縱30cm×橫30cm（內寸）
作法＝98頁

天堂鳥

73 蠍尾蕉的裝飾框

73 圖案名/ 蠍尾蕉
Heliconia
主題是從植株中央長出莖，並在前端開花的蠍尾蕉。使用表示富饒自然界的綠色系來加以統合，成為百看不膩的作品。
設計/林洋子
製作協助/橋本和子 石渡良子
尺寸/縱30cm×橫30cm（內寸）
作法＝98頁

蠍尾蕉
From "Images of Hawaii's Flowers" Published by Hawaiian Service,Inc.

74 圖案名/ 茂伊玫瑰
Maui Rose
這是可欣賞典雅雲染和對比
色彩的裝飾框。粉紅色的茂
伊玫瑰，表情楚楚可憐。
設計/林洋子
製作/新保外美子
尺寸/縱40cm×橫40cm（內寸）
作法＝98頁

茂伊玫瑰

74 茂伊玫瑰的裝飾框
…**Loke Lani**

75 扶桑花和蕨葉的裝飾框
…**Aloalo & Kupukupu**

75 圖案名/ 扶桑花和蕨葉
Hibiscus & Fern
猶如一幅畫一般的幻影拼布
裝飾框。用蕨葉、扶桑花以
及海洋構成洋溢著悠閒氣氛
的作品。
設計、製作/林洋子
尺寸/縱40cm×橫40cm（內寸）
作法＝98頁

扶桑花

76 蠍尾蕉的裝飾框
···**'Ulu**

壁飾拼布

壁飾是裝飾在室內一角的拼布，由於是平面狀，所以是方便初學者挑戰的拼布種類。平日可展示在屋內，供人觀賞顏色對比和美麗的主題。能有效活用表布是一大特徵。

76 圖案名/ 麵包樹
Bread of Fruits
會長出很大果實的麵包樹是象徵大自然的豐饒富足，也是夏威夷人的生活支柱。這是難度較低較適合初學者的主題。
設計/三木陽子　製作/山村綠子
尺寸/縱32cm×橫32cm
作法＝14頁
本作品在14頁起的過程解說照片中有詳細作法的介紹。

麵包樹

77 圖案名/ 馬伊雷
Native twining strub
傳說有神明寄宿的馬伊雷葉子，常被當作花圈或珠寶的主題。圖案設計上也很大膽。
製作/湊啟子
尺寸/縱30cm×橫30cm（內寸）
作法＝100頁

77 馬伊雷的裝飾框
···**Maile**

馬伊雷
From "HAWAIIAN LEI MAKING"
by Laurie Shimizu Ide

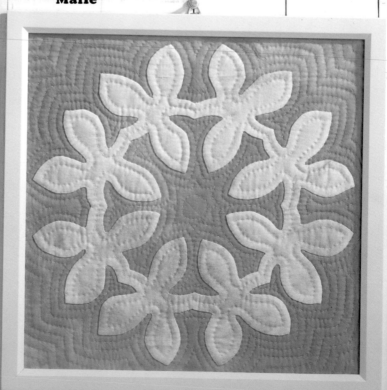

From 「HAWAIIAN QUILTING」
instructions and Full-Size Patterns
for 20 Blocks by Elizabeth Root

78 圖案名/ 龜背芋
Monstera
葉片上有許多洞的龜背芋,是夏威夷拼布最常用的葉片主題。包邊和滾邊都使用雲染布也是重點。
設計、製作/坂田美幸
尺寸/縱51cm×橫51cm
作法=97頁

79 圖案名/ 雞蛋花
Plumeria
使用深藍色、淡水色、黃色等三種對比顏色來強化印象的壁飾。彎曲的重影壓線和主題也相當契合。
設計、製作/小林美彌子
尺寸/縱44cm×橫44cm
作法=100頁

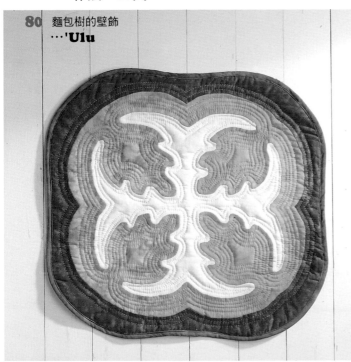

80 圖案名/ 麵包樹
Bread of Fruits
因為四角都是圓弧形,所以視覺上十分柔和。縫製不同顏色的作品,裝飾在各角落也很可愛。
設計/BEE 製作/佐佐木繁子
尺寸/縱50cm×橫50cm 　　　**作法=101頁**

81 圖案名/ 扶桑花
Hibiscus
把感覺有許多種顏色的扶桑花統合在這片壁飾上。懸掛在家人或朋友團聚的起居室,佈置一個猶如花朵盛開的空間。
設計/BEE 製作/三野美智
尺寸/縱50cm×橫50cm 　　　**作法=101頁**

82 圖案名/ 雞蛋花
Plumeria
把夏威夷風景不可或缺的雞蛋
花,以花朵盛開的模樣作為主
題。且巧妙活用色彩,把美麗
的白花浮現出來。
設計、製作/赤坂美保子
尺寸/縱52cm×橫52cm
作法＝102頁

雞蛋花

83 桃金孃花的壁飾
···**Ōhi'a Lehua**

83 圖案名/ 桃金孃花
Ohia Lehua
如扇子般展開的桃金孃花
主題,栩栩如生令人印象
深刻。兼具古典又時髦的
顏色,擔任美化空間的要
角。
設計/三木陽子
製作/瀧澤紀子
尺寸/縱62cm×橫62cm
作法＝103頁

84 蕨葉的壁飾
…**Lau a'e**

84 圖案名/ 蕨葉
Lauae Fern
蕨類是葉背存有一粒粒孢子，
既有個性又有趣的植物。這是
在土壤的茶色中展開綠色葉片
主題的壁飾。
設計/三木陽子
製作/岩谷TOMOKO
尺寸/縱52cm×橫52cm
作法＝105頁

蕨葉

85 椰子樹的壁飾
…**Koko Niu**

椰子樹

圖案名/ 椰子樹
85 Palm Tree
主題是焦茶色的椰子樹，在象
徵天空的薄荷綠表布上，逐漸
長出葉片的模樣。
設計/三木陽子
製作/立花由佳
尺寸/縱52cm×橫52cm
作法＝104頁

87 天使喇叭花的壁飾
···**Nānāhonua**

86 圖案名/ 鳶尾花
Iris
形象楚楚可憐的鳶尾科的鳶尾花，也是高人氣的主題。如煙火般擴散在雲染布上，製作明亮印象的空間。
設計/瀧田裕子
製作/宮崎裕美
尺寸/縱50.4cm×橫50.4cm
作法＝106頁

87 圖案名/ 天使喇叭花
Angel Trumpet Flowers
雲染布上清楚投影出白色的天使喇叭花。可懸掛在玄關牆壁迎接賓客。
設計/瀧田裕子
製作/伊藤黎子
尺寸/縱50.4cm×橫50.4cm
作法＝106頁

天使喇叭花
From "Images of Hawaii's Flowers"
Published by Hawaiian Service,Inc.

86 鳶尾花的壁飾
···**Mau'u la'ili**

製作夏威夷拼布作品的建議

●有關布料

以貼布製作的夏威夷拼布，不適合使用容易綻線或太硬的布料。應選擇易縫的100％棉80支紗、被單布或不起皺等布料。

●型紙和布的摺法

夏威夷拼布有「1/8、1/4、1/2和平面樣版」4種型紙，將貼布如摺紙般摺疊幾次，直接以摺疊狀態裁剪，之後放在於表布上打開。此時，表布也要做摺線，並和貼布的摺線確實對齊。

1/8型紙

貼布和表布都摺疊3次，形成三角形（參照15頁），這就是1/8大小。

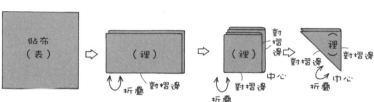 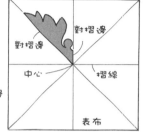 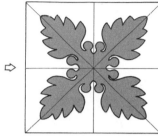

1/4型紙

貼布和表布都摺疊2次，形成四方形，這就是1/4大小。

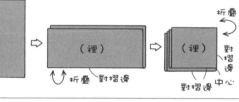 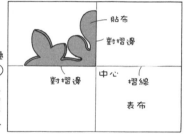 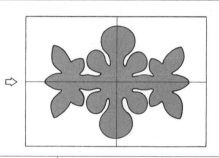

1/2型紙

貼布和表布都摺疊1次，這就是1/2大小。
如果貼布是從布邊開始做圖案時，要先在布邊保留3～4cm的縫份才裁剪。

樣版型紙

貼布的原形

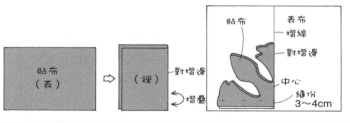 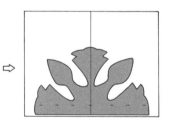 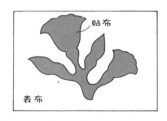

●在洞裡加配色布

*有許多洞時
在貼布下墊配色布，進行貼布縫。

*洞很小時
完成貼布縫之後再做切痕，插入配色布進行貼布縫。

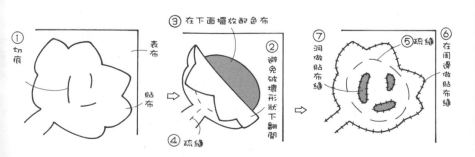 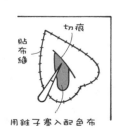 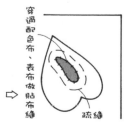

刊載作品的作法

●製圖不含縫份。但裁剪用的製圖含有縫份。

●布料依布寬×長的順序明記。

●有關貼布型紙的種類請參照45頁。

●夏威夷拼布因縫縮份較大，所以縫份要多些（4～5cm），而且在貼布縫之後要再次測量尺寸才可裁剪。

第2頁作品2　火鶴的肩背包

材料

表布（檸檬色雲染）45×70cm
別布（橙色雲染）70×90cm
鋪棉 70×70cm
襯布 45×70cm
中袋布（印花布）45×65cm

作法

1. 45×45cm的貼布摺成1/8，上面擺放火鶴花型紙，裁剪。
2. 45×12cm的貼布對摺，上面擺放入口型紙，裁剪。製作2片。
3. 把貼布疊在表布上並打開，進行貼布縫製作上層布。
4. 上層布、鋪棉和襯布重疊一起縫壓線。
5. 再次測量尺寸，剪掉本體上多餘的縫份。
6. 製作提把。
7. 邊夾住提把，邊縫合本體和中袋入口。
8. 袋布和中袋對齊，縫合側邊。
9. 從返口翻回表側，摺疊提把縫住。

貼布圖案在107頁

型紙的種類和裁剪片數
　　1/8型紙的貼布-1片
　　1/2型紙的入口部分貼布-2片

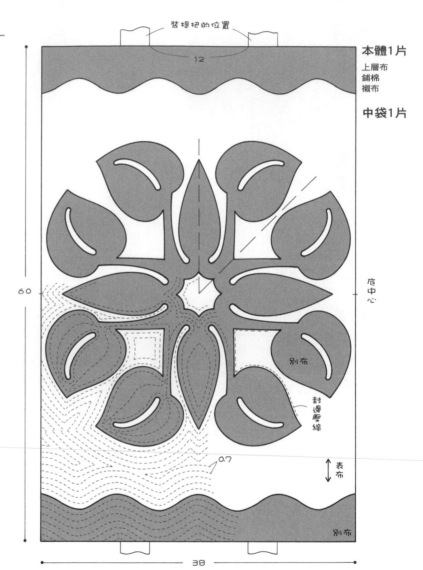

提把2條

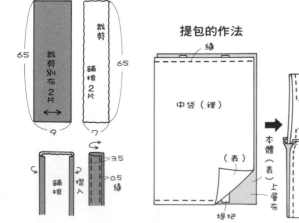

提包的作法

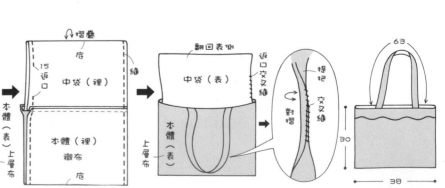

第2頁作品1 石栗的大提包

材料
表布（黃綠色素面）90×180cm
別布（淡粉紅色素面）40×40cm
鋪棉、襯布各90×120cm
中袋布（印花布）70×120cm

作法
1. 貼布摺成1/8，裁剪。
2. 把貼布疊在前本體的表布上打開，進行貼布縫。完成上層布。
3. 上層布、鋪棉和襯布重疊一起縫壓線。重新測量尺寸，剪掉多餘的縫份。
4. 製作口袋，縫在重疊布的後本體上。
5. 前後本體互相對齊，縫合周圍。縫褶份。
6. 製作提把和綁帶。
7. 縫中袋的側邊和褶份，然後邊夾住6邊縫合入口。

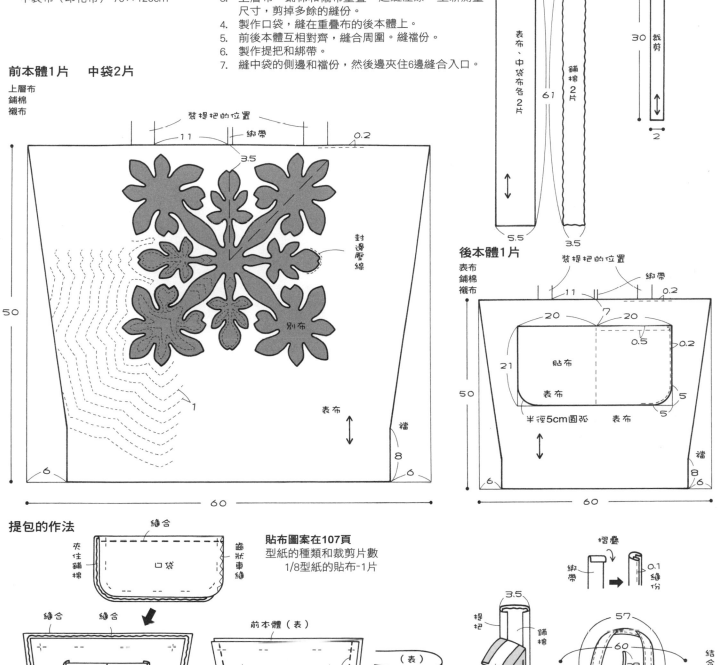

提把2條

表布2片

前本體1片　中袋2片

上層布
鋪棉
襯布

後本體1片

提包的作法

貼布圖案在107頁
型紙的種類和裁剪片數
1/8型紙的貼布-1片

半徑5cm圓弧

第3頁作品3　大花曼陀羅的大提包

貼布圖案是實物大小的型紙A面
型紙的種類和裁剪片數
1/2型紙的貼布-2片

材料

表布（藍色素面）90×100cm
別布（水色素面）110×150cm
鋪棉 70×100cm
襯布 70×100cm
中袋布（印花布）65×95cm
粗1.3cm的提把芯4m

作法

1. 將65×40cm的貼布加以對摺，裁剪。
2. 把貼布疊在袋布上打開，進行貼布縫。完成上層布。
3. 上層布、鋪棉和襯布重疊一起縫壓線。
4. 重新測量尺寸，剪掉周圍多餘的部分。
5. 本體2片相疊，縫住周圍。
6. 縫襠份。
7. 縫中袋的側邊和襠份，裝入本體中。
8. 入口進行滾邊。
9. 製作提把，邊扭轉邊縫在本體上。

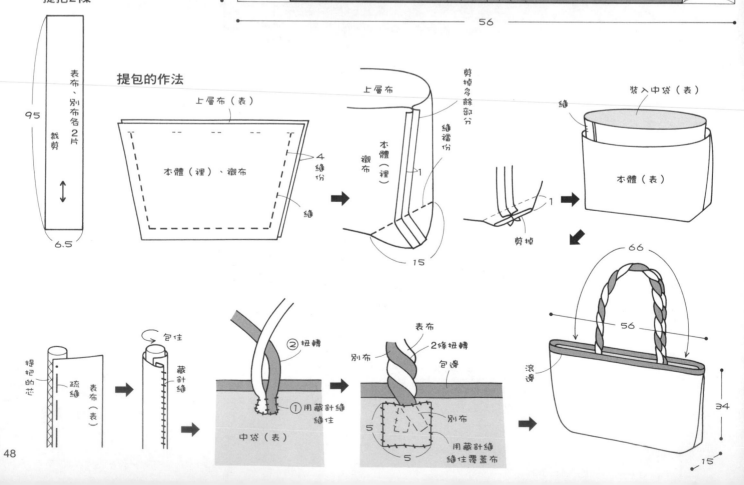

第3頁作品4　麵包樹的手提包

材料
表布（深灰色素面）60×120cm
別布（米黃色素面）60×70cm
鋪棉 60×120cm
襯布（印花布）60×120cm
直徑約16cm的環狀提把1組
縫份處理用的斜紋滾邊條1.8m

作法
1. 60×35cm的貼布對摺，裁剪。
2. 把貼布疊在袋布上打開，進行貼布縫。完成上層布。
3. 把上層布、襯布和鋪棉如下圖般重疊，縫合入口部分。再縫壓線。
4. 翻回表側，用針車縫入口。翻面，用疏縫做壓線。
5. 抵住本體的型紙做記號，縫合本體周圍。剪掉多餘的縫份，並用斜紋滾邊條處理縫份。
6. 用內貼邊包住提把，進行藏針縫。

本體2片　上層布　鋪棉　襯布

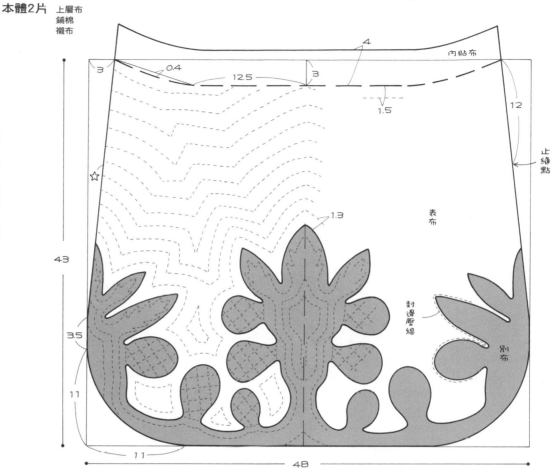

提包的作法

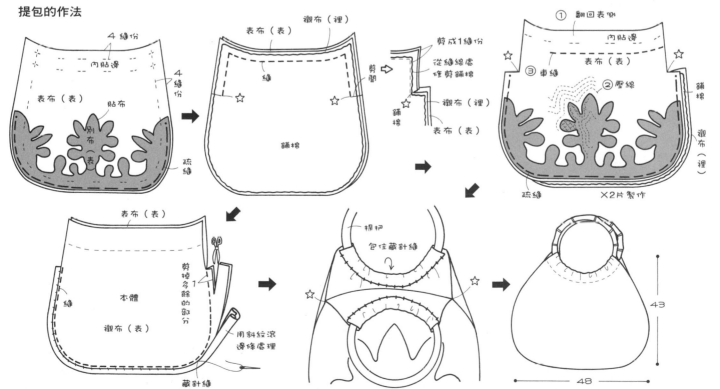

第4頁作品5 蠍尾蕉的大提包

貼布圖案在108頁
型紙的種類和裁剪片數
1/2型紙的貼布-1片
花-4片

材料

表布（橙色圖案布）110×90cm
別布A（綠色素面）30×50cm
別布B（紅色素面）30×30cm
鋪棉、襯布各55×80cm
市售提把1組

作法

1. 影印型紙製作1/2型紙。貼布對摺，裁剪。別布B的貼布也裁剪4片。
2. 把貼布疊在表布上打開，進行貼布縫。
3. 再疊上別布B，進行貼布縫。完成上層布。
4. 上層布、鋪棉和襯布重疊一起縫壓線。
5. 重新測量尺寸，剪掉周圍多餘的部分。
6. 縫合本體的側邊，縫襠份。
7. 縫中袋的側邊和襠份。
8. 製作舌片，邊夾住邊縫合本體和中袋的入口。
9. 從返口翻回表側，進行星止縫。
10. 裝置提把。

提包的作法

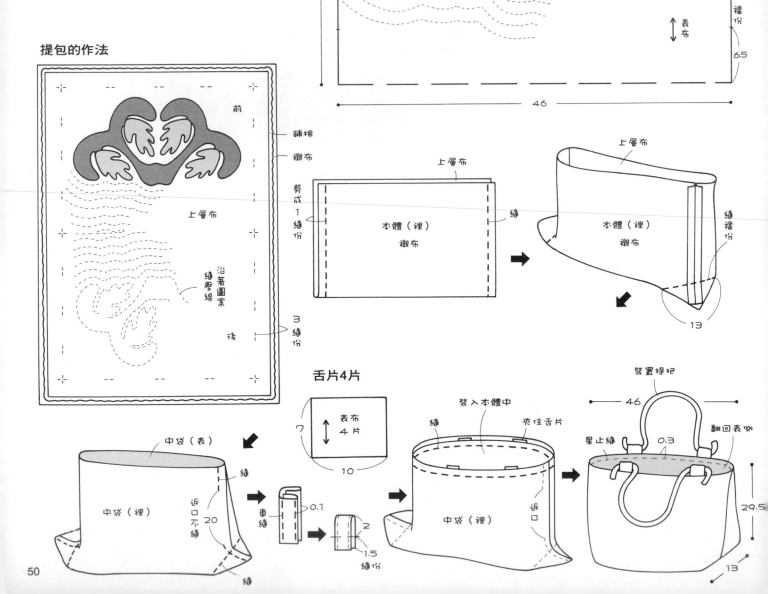

50

第4頁作品6 雞蛋花的大提包

材料
表布（灰色加光印花棉布） 100×90cm
別布A（綠色雲染） 50×60cm
別布B（白色素面） 40×20cm
鋪棉、接著芯各80×60cm
襯布 80×60cm

作法
1. 40×30cm的貼布對摺，裁剪。
2. 把貼布疊在表布上打開，進行貼布縫。
3. 再疊上別布B，進行貼布縫。完成上層布。
4. 上層布、鋪棉和襯布重疊一起縫壓線。
5. 重新測量尺寸，剪掉周圍多餘的縫份。
6. 底布縫壓線。
7. 在本體和底部黏貼接著芯。
8. 縫合本體側邊，裝上底部。
9. 縫中袋的側邊和底部，裝入於本體。
10. 製作提把，縫在本體上。
※中袋布使用表布。

本體2片
上層布
鋪棉
襯布
接著芯

中袋2片
表布

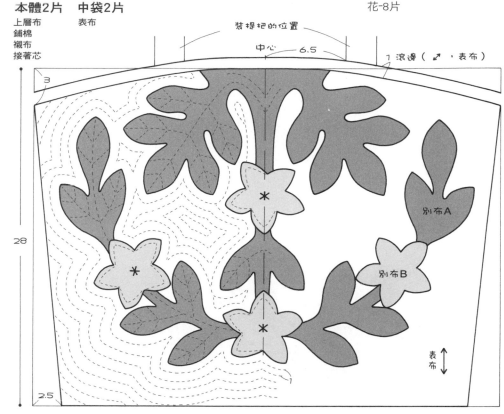

別布A

別布B

28

3

2.5

38

6.5

裝提把的位置

中心

1 滾邊（ , 表布）

表布

提把2條

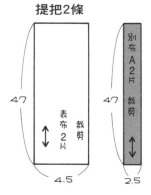

47

47

表布 2片 裁剪

別布 A 2片 裁剪

4.5

2.5

底1片
上層布
鋪棉
襯布
接著芯

中袋底2片
表布

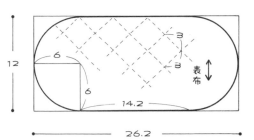

12

6

6

14.2

26.2

3

3

表布

提包的作法

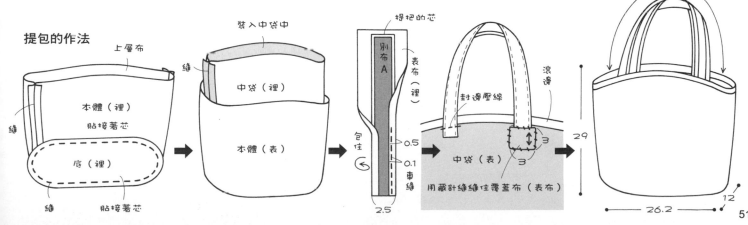

上層布

本體（裡）

貼接著芯

底（裡）

縫

貼接著芯

裝入中袋中

中袋（裡）

本體（表）

提把的芯

別布A

表布（裡）

包住

0.5

0.1 車縫

2.5

封邊壓線

滾邊

中袋（表）

用藏針縫縫住覆蓋布（表布）

3

3

44

29

26.2

12

51

第5頁作品7 大花曼陀羅的手提包

貼布圖案在109頁
型紙的種類和裁剪片數
1/8型紙的貼布-1片

材料

表布（抹茶色雲染） 40×70cm
別布（淡黃色素面） 30×30cm
鋪棉、襯布各40×70cm
中袋布（印花布） 35×65cm
粗3mm的繩子20cm
約23cm的市售肩背帶1條
直徑1.5cm的磁鐵扣1個

作法

1. 貼布摺成1/8，裁剪。
2. 把貼布疊在表布上打開，進行貼布縫。完成上層布。
3. 上層布、鋪棉和襯布重疊一起縫壓線。後側的壓線要先摺紙剪開，製作夏威夷拼布形狀的型紙。
4. 重新測量尺寸，剪掉多餘的部分。
5. 縫本體的側邊和襠份，剪掉襠多餘的部分。
6. 縫中袋的側邊和襠份。
7. 把中袋裝入本體中。
8. 入口進行滾邊。
9. 製作細繩，裝置提把。
10. 製作包布磁鐵扣（參照56頁），裝置在中袋。

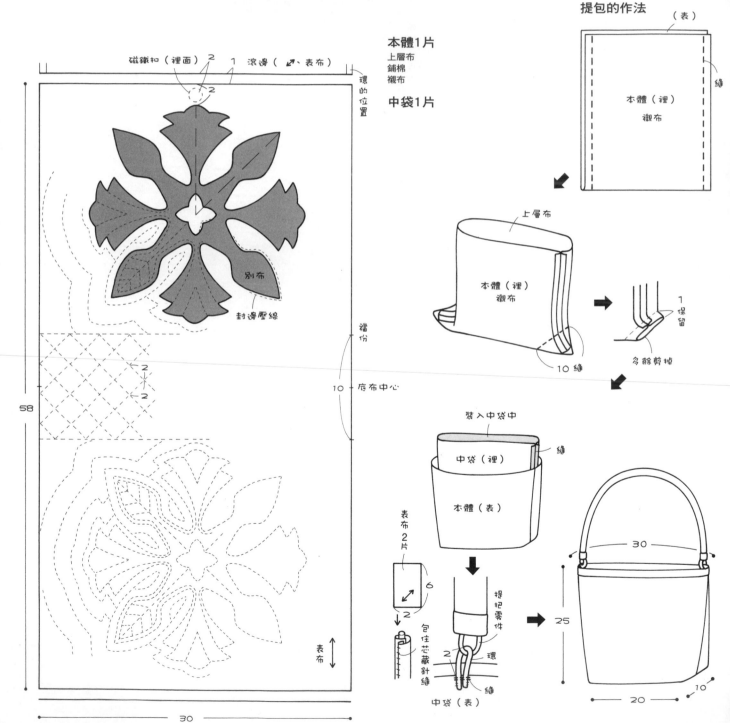

52

第5頁作品8 大花曼陀羅的小物包

貼布圖案在108頁
型紙的種類和裁剪片數
1/2型紙的貼布-2片

材料
表布（抹茶色雲染） 30×40cm
別布（淡黃色） 25×30cm
鋪棉、襯布各30×40cm
19cm的拉鍊1條
手藝棉少許

作法
1. 影印型紙製作1/2型紙。
2. 20×15cm的貼布對摺，裁剪。此際，入口側要保留3cm的縫份。（參照45頁）
3. 把貼布疊在表布上打開，進行貼布縫。完成上層布。
4. 上層布、鋪棉和襯布重疊一起縫壓線。
5. 縫側邊，用襯布包住縫份做處理。縫襠份。
6. 入口裝置拉鍊。但要先製作拉鍊吊飾。

小物包的作法

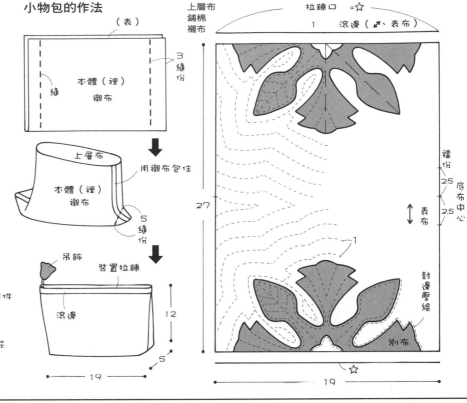

本體1片
上層布
鋪棉
襯布

吊飾2片

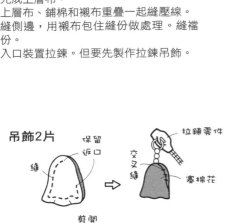

第5頁作品9 百合的小物包

材料
表布（紫色素面）35×45cm
別布（粉紅色素面）18×18cm
鋪棉 35×40cm
襯布（印花布）35×40cm
30cm的拉鍊1條

作法
1. 裁剪貼布，擺放在表布上進行貼布縫。完成上層布。
2. 把上層布、鋪棉和襯布重疊一起縫壓線。
3. 周圍加以滾邊。
4. 裝置拉鍊。
5. 縫側邊，縫襠份。

貼布圖案在108頁
型紙的種類和裁剪片數
樣版型紙-1片

小物包的作法

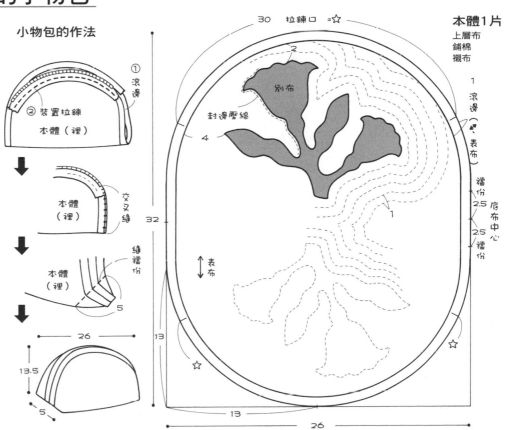

本體1片
上層布
鋪棉
襯布

第6頁作品10 雞蛋花的提包

貼布圖案在110頁
型紙的種類和裁剪片數
1/8型紙的貼布-1片

材料

表布（苔綠色素面）90×110cm
別布（水色素面）40×40cm
鋪棉、襯布各90×50cm
中袋布（印花布）90×65cm
厚片接著芯 45×110cm
市售的提把約49cm 1組

作法

1. 貼布摺成1/8，裁剪。
2. 把貼布疊在表布上打開，進行貼布縫。完成上層布。
3. 上層布、鋪棉和襯布重疊一起縫壓線。後側的壓線要先摺紙剪開，製作夏威夷拼布形狀的型紙。
4. 縫本體的側邊，裝置底部。
5. 中袋布貼上接著芯，縫合側邊和底部。
6. 把中袋放入本體中，入口加以滾邊。裝置提把。

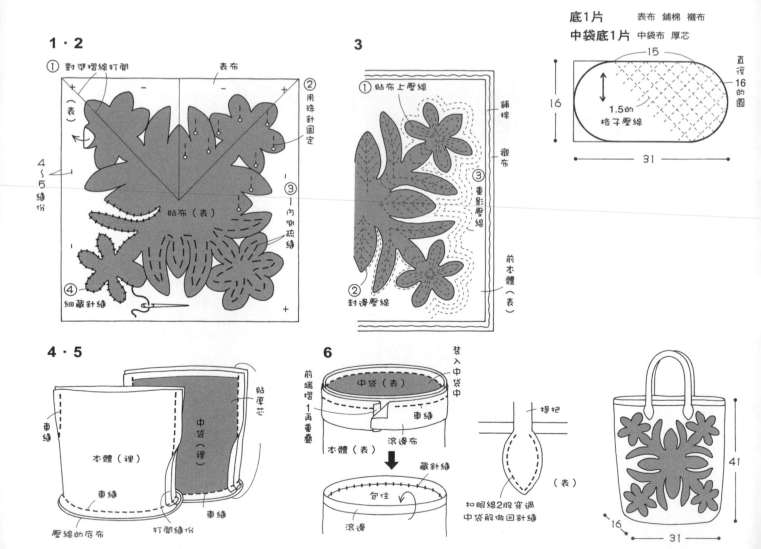

前本體1片　上層布　鋪棉　襯布
中袋2片　中袋布　厚芯

後本體　上層布（表布）鋪棉　襯布

底1片　表布　鋪棉　襯布
中袋底1片　中袋布　厚芯

第7頁作品11 芒果的手提包

貼布圖案在111頁
型紙的種類和裁剪片數
1/2型紙的貼布-2片

材料

表布（黃色雲染） 110×40cm
別布（橙色雲染） 100×25cm
鋪棉、襯布各 100×40cm
中袋布（印花布） 80×40cm
直徑15cm的市售提把1組

作法

1. 貼布對摺，裁剪。
2. 把貼布疊在表布上打開，進行貼布縫。完成上層布。
3. 上層布、鋪棉和襯布重疊一起縫壓線。
4. 抵住型紙做記號，剪掉多餘的縫份。
5. 縫袋布側邊。
6. 側邊開口末端以上的縫份摺3摺，然後做藏針縫。
7. 袋布的縫份2片一起用斜紋滾邊條包起來。
8. 翻摺內貼邊包住提把，進行藏針縫。

本體2片
上層布
鋪棉
襯布

3

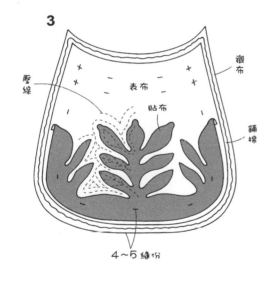

4

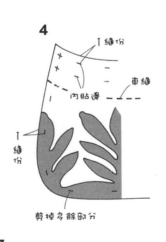

5

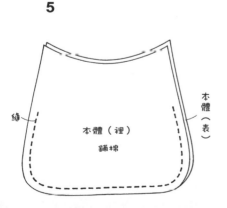

6・7

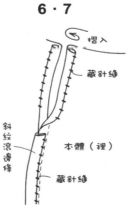

8

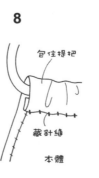

第8頁作品12 酪梨的提包

貼布圖案在110頁
型紙的種類和裁剪片數
1/8型紙的貼布-2片

材料

表布（米黃色雲染）110×150cm
別布（焦茶色雲染）80×40cm
鋪棉、襯布各80×130cm
中袋布（印花布）90×100cm
直徑3cm的磁鐵扣1組

作法

1. 40×40cm的貼布摺成1/8，裁剪。
2. 把貼布疊在表布上打開，進行貼布縫。
   完成上層布。
3. 上層布、鋪棉和襯布重疊一起縫壓線。
4. 本體2片相疊，縫合周圍。縫褶份。
5. 縫合中袋側邊和褶份，裝入於本體。
6. 入口加以滾邊。
7. 製作提把，裝置在本體。

提把2條

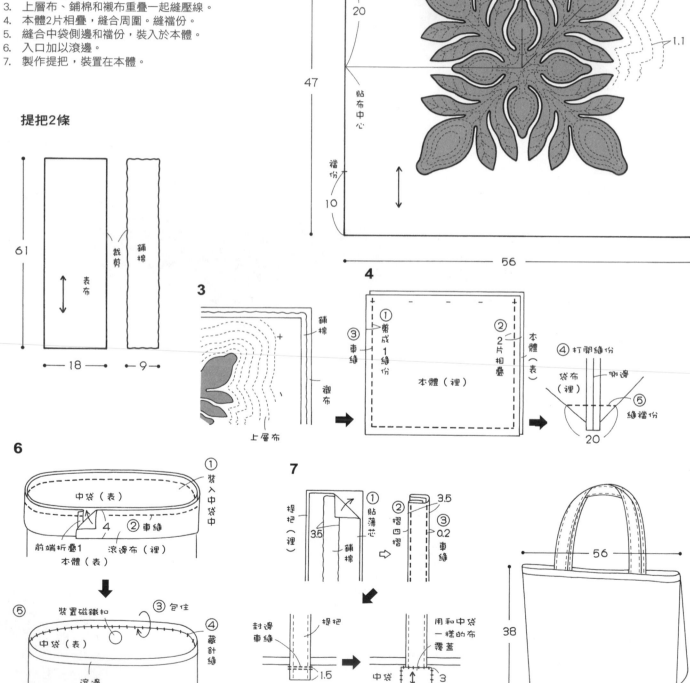

56

第9頁作品13 麵包樹的小物包

貼布的圖案和本體的型紙在58頁
型紙的種類和裁剪片數
　　樣版型紙-2片（麵包果）
　　1/2型紙-1片（葉子）

材料

表布（橙色雲染）55×35cm
別布（水色雲染）3種合計30×30cm
鋪棉、襯布各25×35cm
20cm的拉鍊1條

作法

1. 裁剪貼布，擺放在表布上，進行貼布縫。
   完成上層布。
2. 把上層布、鋪棉和襯布重疊一起縫壓線。
3. 剪掉周圍多餘部分，加以滾邊。
4. 縫合側邊，縫襠份。
5. 裝置拉鍊。
6. 裝置中袋。

本體1片　中袋1片

上層布
鋪棉
襯布

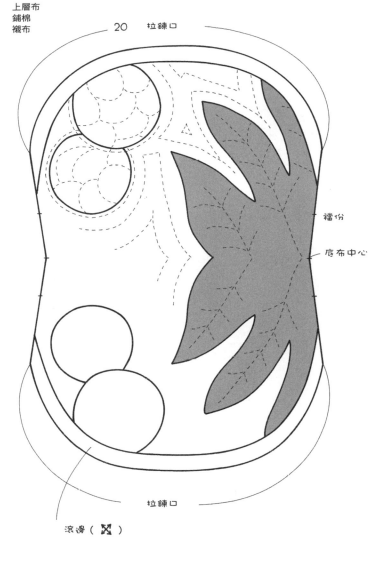

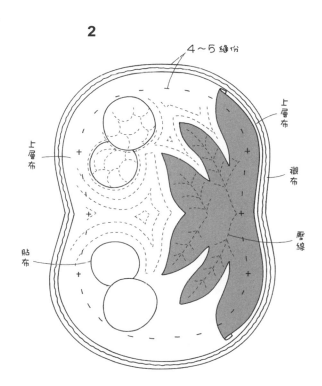

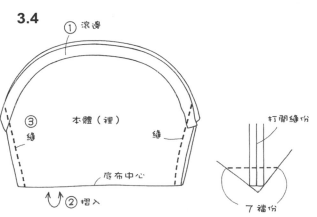

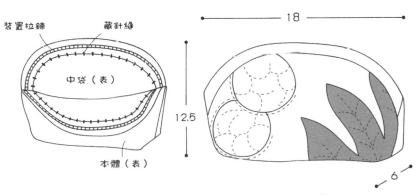

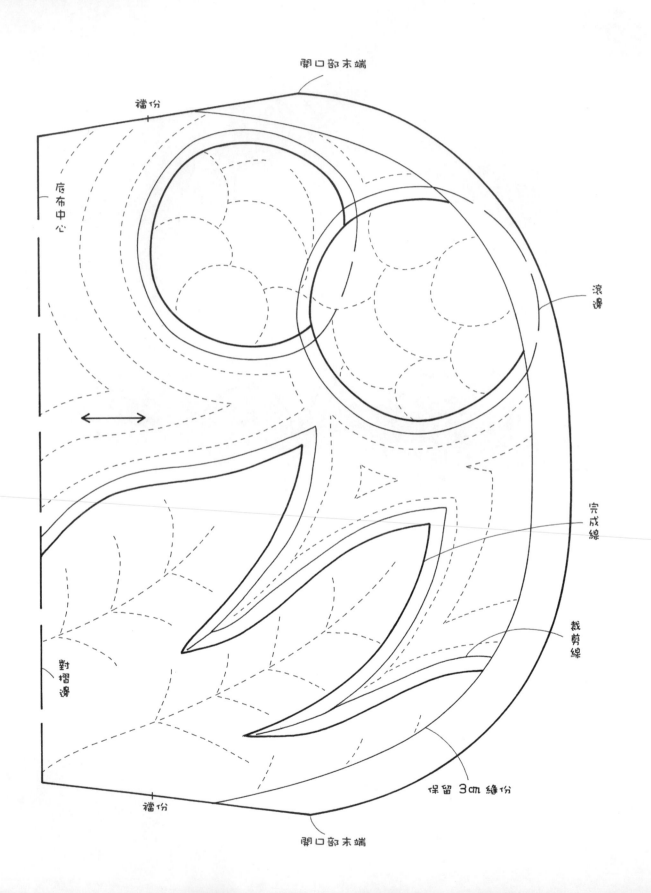

開口部末端

襠份

底布中心

滾邊

完成線

裁剪線

保留 3cm 縫份

對摺邊

襠份

開口部末端

第9頁作品14 海龜的小物包

材料

表布（橙色雲染）55×35cm
別布A（焦茶色雲染）20×40cm
別布B（米黃色雲染）少許
鋪棉、襯布各25×35cm
20cm的拉鍊1條

本體1片
上層布
鋪棉
襯布

中袋1片

作法

和第9頁作品13的小物包相同。（參照57頁）

貼布圖案在59頁
小物包的型紙在58頁
型紙的種類和裁剪片數
　　樣版型紙-2片

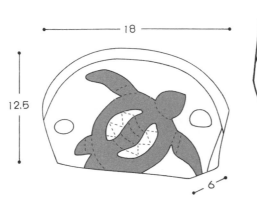

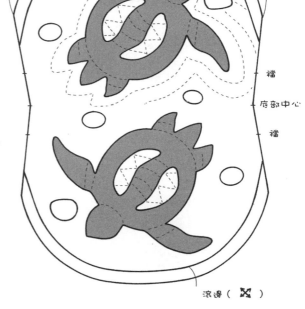

實物大小的貼布圖案

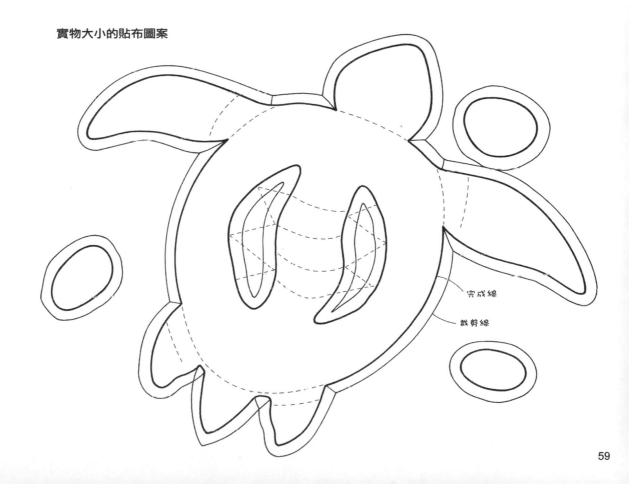

第10頁作品15 龜背芋的肩背包

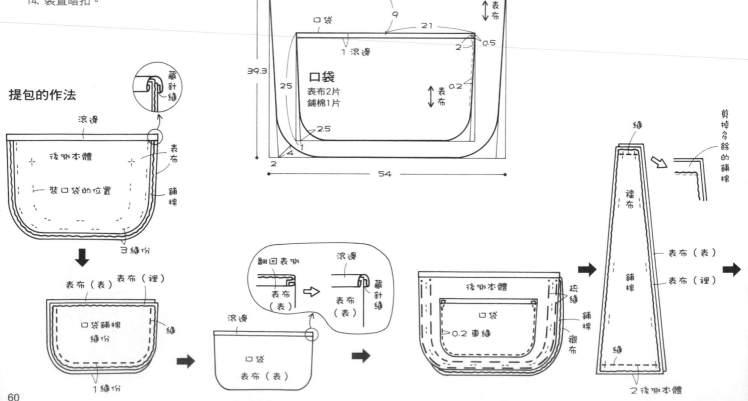

貼布圖案是實物大小的型紙A面
型紙的種類和裁剪片數
1/2型紙的貼布-1片

材料

表布（米黃色素面）110×330cm
別布（淺米黃色）60×40cm
鋪棉 60×120cm
暗扣1組

作法

1. 65×40cm的貼布對摺，裁剪。
2. 把貼布疊在前本體的表布上打開，進行貼布縫。
3. 上層布、鋪棉和襯布（使用表布）重疊一起縫壓線。
4. 剪掉多餘的縫份，入口加以滾邊。完成前本體。
5. 在後本體的2片表布之間夾住鋪棉，在入口做滾邊。
6. 口袋表側相對，對齊內側，重疊鋪棉，縫合周圍。
7. 翻回表側，口袋加以滾邊。
8. 在後本體的周圍做疏縫，疊上口袋縫住。
9. 在襠布用的表布上重疊鋪棉，2片對齊，把底和上的連接觸縫合做成圈狀。打開縫份。完成表襠布。
10. 襠布用的表布2片相疊，和表側襠布一樣縫合。完成裡襠布。
11. 把表襠布和裡襠布的表側對齊，在中央車縫3條線。
12. 本體和表側襠布對齊，裡側襠布除外，周圍縫合。
13. 摺疊裡襠布的縫份，塞入表襠側和本體的縫份，邊隱藏邊用布邊車縫住。接著摺疊提把部分的縫份，把表襠布和裡襠布互相結合，用針車縫合。
14. 裝置暗扣。

前本體1片　上層布
　　　　　　鋪棉
　　　　　　襯布

後本體　表布2片 鋪棉1片

口袋 表布2片 鋪棉1片

提包的作法

貼布圖案在113頁

型紙的種類和裁剪片數
1/2型紙的貼布-2片

檔布2條

表布4片
鋪棉2片

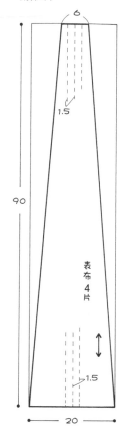

材料

表布（淺米黃色素面）　60×60cm
別布（米黃色素面）　60×40cm
鋪棉、襯布各60×60cm
裡布（印花布）60×60cm
滾邊用的斜紋滾邊條1.1cm寬1m
緞帶、石栗果實等裝飾品適量
衣架1支

作法

1. 60×20cm的貼布對摺，裁剪。
2. 把貼布疊在本體的表布上打開，進行貼布縫。完成上層布。
3. 上層布、鋪棉和襯布重疊一起縫壓線。
4. 剪掉周圍多餘的部分，縫合本體周圍。
5. 裡布2片相疊，縫合周圍，裝入本體中。
6. 穿在衣架上的部分，用藏針縫縫合。
7. 邊緣滾邊。
8. 衣架穿過本體，裝置緞帶等裝飾品。

罩子的作法

本體2片　裡布2片

上層布
鋪棉
襯布

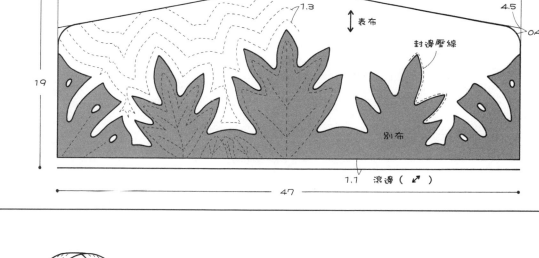

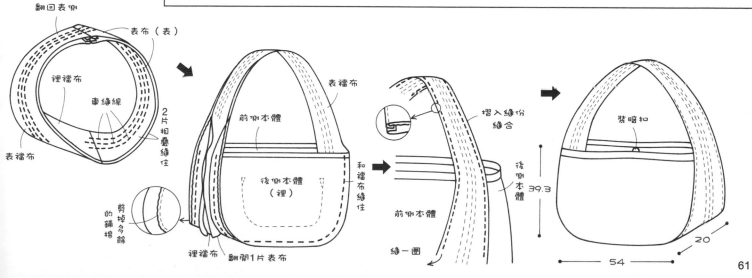

第11頁作品19 麵包樹的太陽眼鏡袋

貼布圖案在109頁
型紙的種類和裁剪片數
1/2型紙的貼布-1片

材料
表布（淺米黃素面）30×30cm
別布（米黃色素面）30×20cm
鋪棉、襯布各30×30cm
滾邊用的緞布20×20cm
暗扣1組

作法
1. 貼布對摺，裁剪。
2. 把貼布疊在表布上打開，進行貼布縫。完成上層布。
3. 上層布、鋪棉和襯布重疊一起縫壓線。
4. 只將入口縫份剪掉，加以滾邊。
5. 本體的表側對齊內側，縫合周圍。
6. 只保留1片襯布，其餘的多餘縫份剪掉。
7. 用保留的襯布包住縫份。
8. 裝置暗扣。

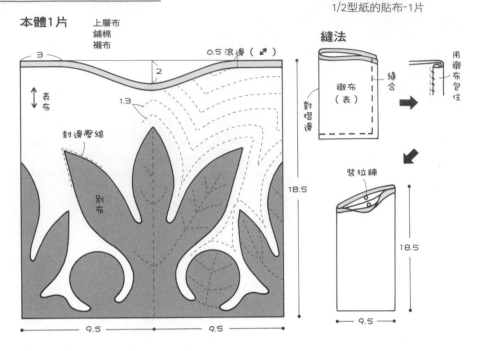

第11頁作品16 龜背芋的貴重物品袋

貼布圖案在113頁
型紙的種類和裁剪片數
1/2型紙的貼布-1片

材料
表布（淺米黃素面）55×35cm
別布（米黃色素面）55×30cm
鋪棉、襯布各55×35cm
滾邊用的緞布30×30cm
石栗果實2個
3mm寬的緞帶2.2m

作法
1. 貼布對摺，裁剪。
2. 把貼布疊在表布上打開，進行貼布縫。完成上層布。
3. 上層布、鋪棉和襯布重疊一起縫壓線。
4. 本體對摺，周圍縫合。只保留1片襯布，其餘的多餘縫份剪掉。
5. 用保留的襯布包住縫份。
6. 入口加以滾邊。
7. 石栗果實打洞，緞帶前端沾粘膠插入。
8. 把7的緞帶綁在2條90cm的緞帶上。

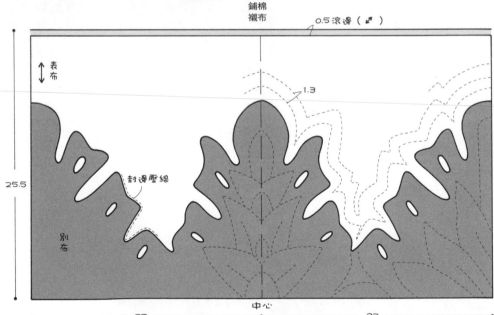

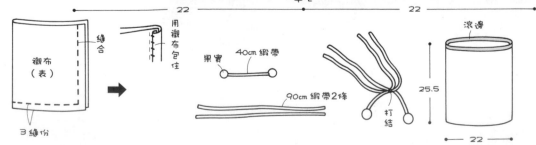

第11頁作品18 龜背芋和蕨葉的飾品袋

材料
表布（淺米黃色面）40×35cm
別布（米黃色素面）40×35cm
鋪棉、襯布各 40×35cm
內側用印花布 110×60cm
滾邊用的緞布 40×45cm
緞帶A（3mm寬的緞帶）1m
緞帶B（1cm寬的緞帶）30cm
石栗果實 2個

作法
1. 貼布摺成四摺，裁剪。
2. 把貼布疊在表布上打開，進行貼布縫。完成上層布。
3. 上層布、鋪棉和襯布重疊一起縫壓線。
4. 把鋪棉和襯布疊在內側的印花布上，沿著圖案縫壓線。
5. 製作A～E的口袋，重疊在4上，周圍疏縫。
6. 內側和本體對齊，周圍滾邊。此時要夾住緞帶A。
7. 緞帶B沾粘膠插入石栗果實中。

貼布圖案在109頁
型紙的種類和裁剪片數
　　1/4型紙的貼布-1片

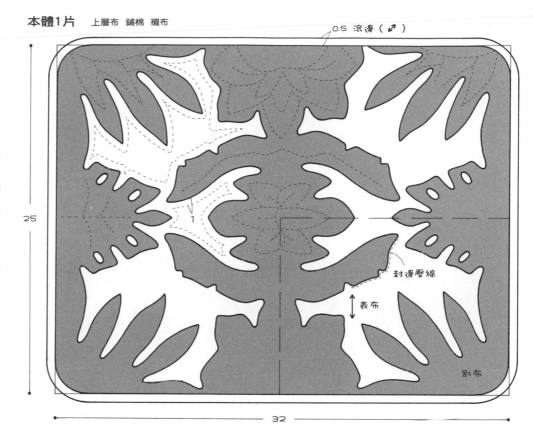

本體1片　上層布　鋪棉　襯布

0.5 滾邊（↗）

25

1

封邊壓線

表布

別布

32

縫法

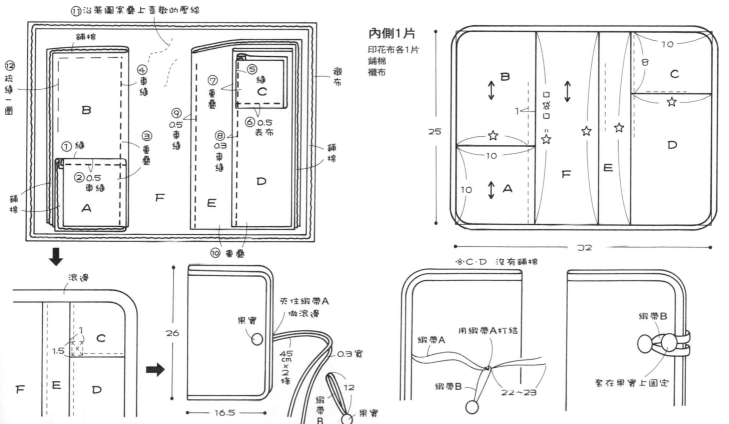

①沿著圖案疊上喜歡的壓線

鋪棉

⑫疏縫一圈

④車縫

B

①縫

②0.5車縫

鋪棉

A

F

③重疊

⑨0.5車縫

⑦重疊

⑤縫 C

⑥重疊

⑥0.5表布

⑧0.3車縫

E

D

襯布

鋪棉

⑩重疊

內側1片
印花布各1片
鋪棉
襯布

B

口袋口

10

10

A

F

10

1

☆

☆

☆

☆

8

10

C

D

E

32

25

※C・D 沒有鋪棉

滾邊

1

1.5

C

F E D

26

果實

夾住緞帶A
做滾邊

45cm×2條

0.3寬

緞帶B

12

果實

16.5

緞帶A

緞帶B

用緞帶A打結

22～23

緞帶B

套在果實上固定

63

第13頁作品23 樹葉的手機袋

貼布圖案在112頁
型紙的種類和裁剪片數
1/2型紙的貼布-1片

材料
表布（焦茶色格紋）30×20cm
別布（綠色印花布）25×15cm
鋪棉 25×20cm
襯布 30×20cm
內徑1.5cm的D型環1個
粗3mm的細繩35cm
螃蟹鉤、固定環1組
暗扣1組

作法
1. 舌片2片相疊，縫合周圍，翻回表側車縫。
2. 摺疊舌片B縫合。
3. 貼布對摺，裁剪貼布。
4. 把貼布疊在表布上打開，進行貼布縫。完成上層布。
5. 上層布和鋪棉重疊，然後和襯布的表側，朝內側對齊縫合周圍。此時順便夾住舌片。
6. 剪掉多餘的縫份，翻回表側。
7. 返口交叉縫，然後縫壓線。
8. 本體對摺，側邊用密的捲縫交叉縫縫住。也縫襠份。
9. 在細繩上裝置螃蟹鉤，用藏針縫固定在襯布側。

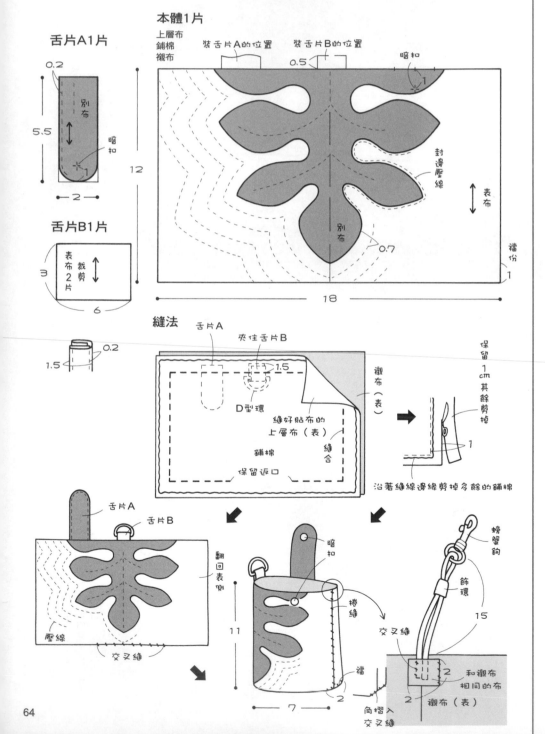

第12頁作品21 幾何圖案的提包

材料
表布（淡茶色素面）40×70cm
別布（焦茶色格紋）50×120cm
鋪棉、襯布各40×80cm
磁鐵扣1組
內徑約12cm的市售提把1組

提包的作法

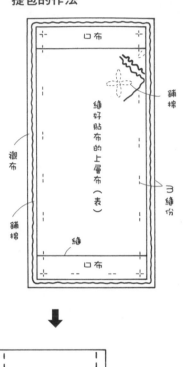

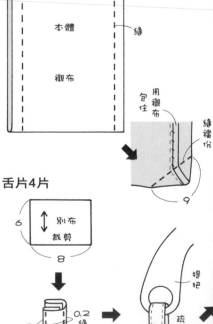

作法

1. 15×15cm的貼布摺成1/8，裁剪。這樣準備23片。
2. 把貼布疊在表布上打開，如圖般擺放23片，進行貼布縫。剪掉多餘的貼布。
3. 口布和2縫合，製作上層布。
4. 上層布、鋪棉和襯布重疊一起縫壓線。
5. 本體對摺，縫合側邊。
6. 保留1片襯布來包住處理縫份。
7. 縫襠份。
8. 製作舌片，穿過提把的洞。
9. 縫內貼邊的側邊。
10. 內貼邊的表側對齊本體表側，夾住舌片，縫合入口。
11. 翻回表側，將內貼邊用藏針縫縫在襯布上，裝置磁鐵扣。

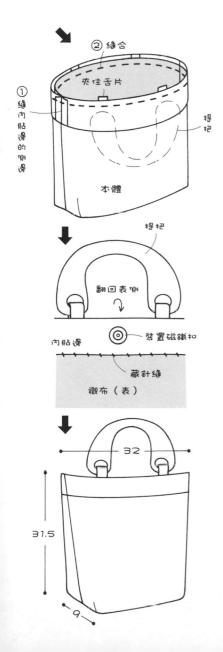

本體1片　內貼邊2片

上層布　　別布
鋪棉
襯布

貼布圖案在114頁
型紙的種類和裁剪片數
1/8型紙的貼布-23片

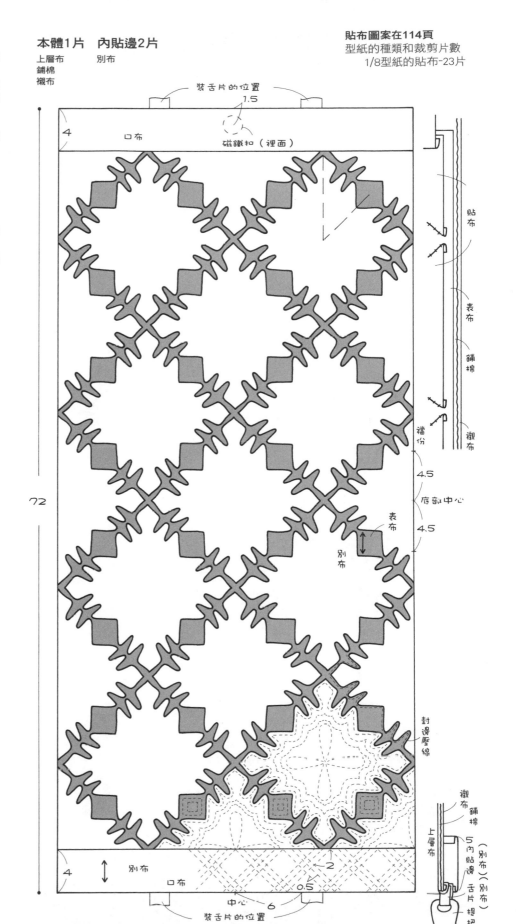

第12頁作品20火鶴、龜背芋的提包

貼布圖案在112頁
型紙的種類和裁剪片數
1/2型紙的貼布-2片

材料

表布（茶色素面）100×40cm
別布（焦茶色格紋）70×30cm
鋪棉、襯布各100×40cm
15cm寬的市售把手1組
珠子22個

作法

1. 35×30cm的貼布對摺，裁剪。
2. 把貼布疊在表布上打開，進行貼布縫。完成上層布。
3. 上層布、鋪棉和襯布重疊一起縫壓線。
4. 縫縫合褶。
5. 本體2片相疊，縫合周圍，保留1片襯布，其餘的多餘縫份剪掉。
6. 用保留的襯布包住處理縫份。
7. 縫舌片，穿入把手，用藏針縫固定在本體。

本體2片
上層布
鋪棉
襯布

舌片4片

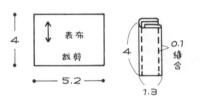

提包的作法

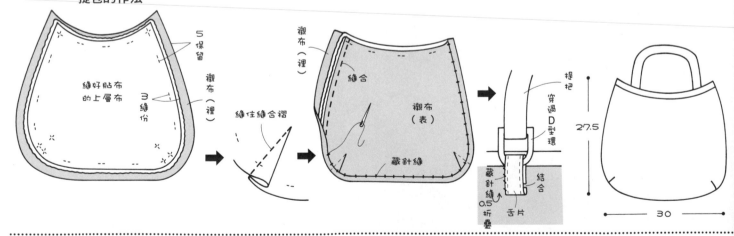

包布磁鐵扣的作法

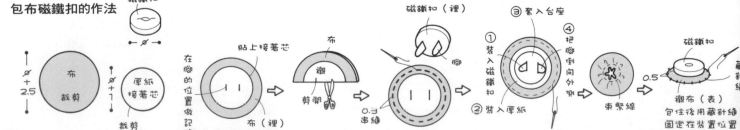

第13頁作品22　樹葉的肩背包

貼布圖案在115頁
型紙的種類和裁剪片數
1/4型紙的貼布-1片

材料

表布（茶色格紋）60×50cm
別布（綠色圖案布）20×35cm
鋪棉 50×40cm
襯布 50×25cm
內徑1.5cm的D型環2個
市售的附螃蟹鉤肩背帶1條
磁鐵扣1組

作法

1. 貼布摺四摺，裁剪。
2. 把貼布疊在表布上打開，進行貼布縫。完成上層布。
3. 以襯布止縫點為界，上方用表布，下方改用襯布縫合。
4. 把上層布和鋪棉重疊，然後和3以表對表的方式相疊，縫合周圍。
5. 翻回表側，用藏針縫縫合返口，縫壓線。
6. 前本體的表布和鋪棉重疊，表布上再疊上襯布，縫合周圍。翻回表側，縫壓線。
7. 襯布也一樣要縫壓線。
8. 把後本體、襯布和前本體一起用捲縫組合起來。
9. 裝置磁鐵扣。

舌片2片

裁剪 ↑ 2 表片

6

摺4摺

1.5　0.1

襯布1片

上層布
鋪棉
襯布

裝舌片的位置

22.8

表布

6

對摺邊

4

蓋子、後本體1片

上層布
鋪棉
襯布

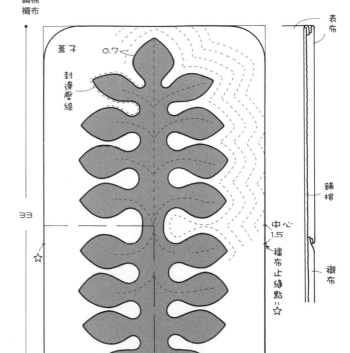

蓋子
0.7
封邊壓線

33

後本體

半徑3cm圓弧

18

中心
1.5
襯布止縫點

表布

3

表布

鋪棉

襯布

前本體1片

上層布
鋪棉
襯布

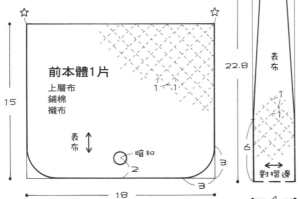

15

表布

暗扣

2

18

3

提包的作法

蓋子
用表布

縫合

縫合

縫好貼布的上層布

襯布

15 返口

縫合

襯布（表）

鋪棉

上層布

翻回表側

襯布（表）

藏針縫

襯布
止

縫合

15 返口

磁鐵扣

襯布

蓋子
表布

後側

前側
表布

襯布

磁鐵扣

捲縫

出

出

入

15

18

4

夾住D型環

第13頁作品24 雞蛋花小物包

貼布圖案在115頁
型紙的種類和裁剪片數
1/2型紙的貼布-1片

材料

表布（焦茶色素面）30×35cm
別布A（茶色印花布）20×35cm
別布B（藍色印花布）少許
鋪棉、襯布各30×35cm
19cm的拉鍊1條
粗3mm的細繩2m

本體1片
上層布
鋪棉
襯布

作法

1. 貼布對摺，裁剪。
2. 把貼布疊在表布上打開，進行貼布縫。完成上層布。
3. 上層布、鋪棉和襯布重疊一起縫壓線。
4. 摺疊拉鍊口的縫份，縫上拉鍊。
5. 本體摺疊，縫合側邊。
6. 把側邊襯布的其中1片縫份保留2.5cm，其餘都剪成0.7cm縫份。
7. 用保留的襯布包住處理縫份。縫襠份。
8. 用細繩製作提把，用藏針縫裝置在本體上。

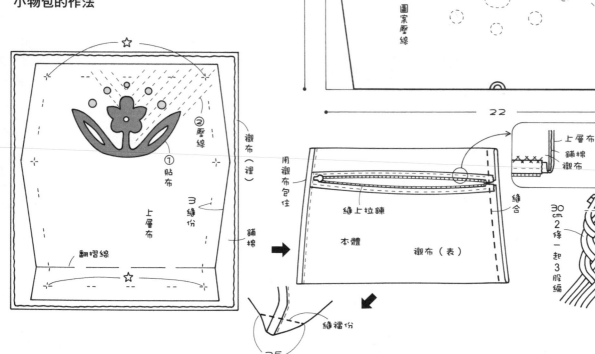

小物包的作法

拉鍊的裝法

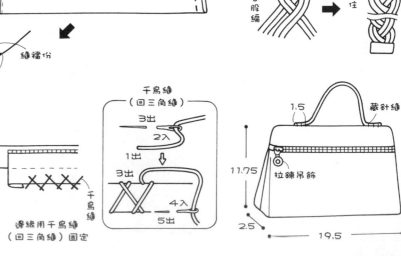

第20頁作品25 桃金孃花的壁飾

材料
表布（焦茶色素面）60×60cm
別布（胭脂色素面）110×60cm
鋪棉、襯布各60×60cm
25號刺繡線（胭脂色）

貼布圖案是實物大小的型紙B面
型紙的種類和裁剪片數
　　1/8型紙的貼布-1片

作法
1. 把貼布疊在表布上打開，進行貼布縫。
2. 完成上層布。把60×60cm的貼布摺成1/8，裁剪。
3. 上層布、鋪棉和襯布重疊一起縫壓線。
4. 剪掉周圍多餘的縫份，加以滾邊。
5. 用2股刺繡線進行法式結粒繡。
※斜紋滾邊條的作法參照103頁。

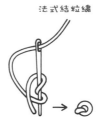

法式結粒繡

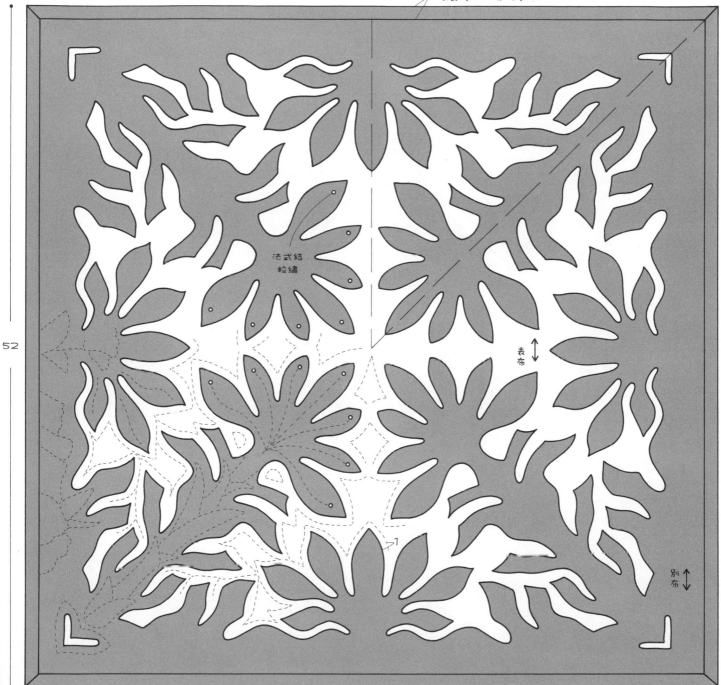

1 滾邊（↙、別布）

法式結
粒繡

52

表布

別布

52

第20頁作品26 桃金孃花的小型肩背包

貼布圖案是實物大小的型紙B面
型紙的種類和裁剪片數
1/2型紙的貼布-2片

材料

表布（淡粉紅色素面）65×70cm
別布（紅色素面）90×25cm
鋪棉 90×110cm
襯布 80×30cm
中袋布（印花布）65×70cm
暗扣1組

作法

1. 45×25cm的貼布對摺，裁剪。
2. 把貼布疊在本體的表布上打開，進行貼布縫。完成上層布。
3. 上層布、鋪棉和襯布重疊一起縫壓線。
4. 中袋布、鋪棉和襯布重疊，沿著印花布圖案縫壓線。
5. 本體和中袋的表側各朝向內側，縫入口。翻回表側，周圍疏縫。
6. 襠布的表布和鋪棉重疊，縫底部和上部，完成表襠布。
7. 縫裡襠布的底部和上部
8. 表襠布和裡襠布相疊，在中心車縫3條線。
9. 口袋布夾住鋪棉，沿著圖案縫壓線。
10. 後本體和口袋相疊做疏縫。
11. 本體和表襠布相疊，周圍縫合。裡襠布不縫。
12. 摺疊裡襠布的縫份，包住表襠布和本體的縫份，邊隱藏邊車布邊。
13. 接著提把部分也摺疊縫份，讓表襠布和裡襠布結合縫合起來。

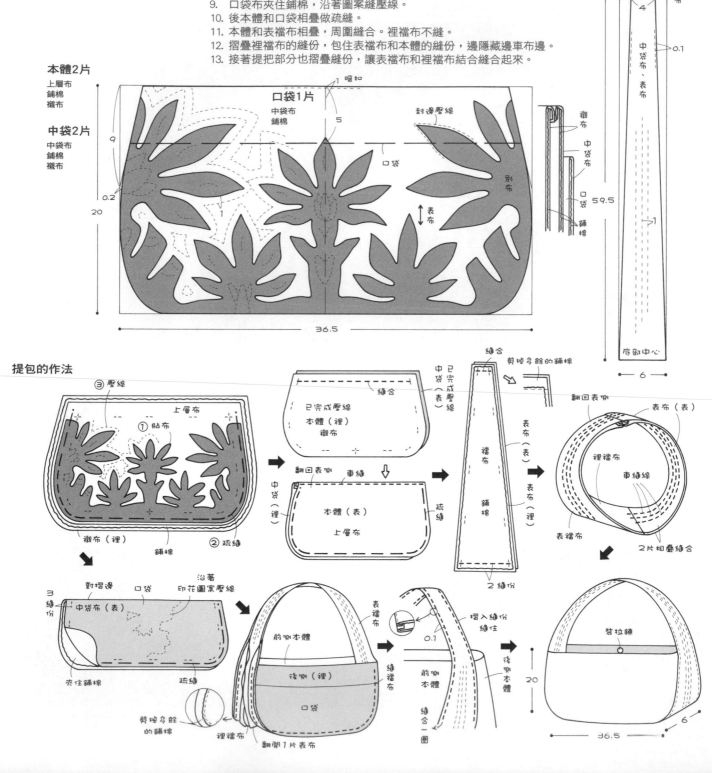

提包的作法

第22頁作品31 伊利瑪花的抱枕套

材料

表布（淺米黃素面）80×120cm
別布A（黃色素面）50×50cm
別布B（綠色素面）40×40cm
別布C（橙色素面）90×40cm
鋪棉、襯布各60×60cm

作法

1. 別布A摺成1/8，裁剪中央的花、王冠、配色布3種類的貼布。
2. 別布B摺成1/8，裁剪羽飾部分。
3. 裁剪別布C。
4. 把1和2的貼布疊在表布上打開，進行貼布縫。此時放入別布C，邊開洞邊做貼布縫。（參照45頁）完成上層布。
5. 上層布、鋪棉和襯布重疊一起縫壓線。
6. 抱枕後側的入口處摺三摺縫住，重疊2片。
7. 把抱枕的前片和後片重疊，縫上包邊。

貼布圖案是實物大小的型紙B面
型紙的種類和裁剪片數
1/8型紙的貼布-各1片

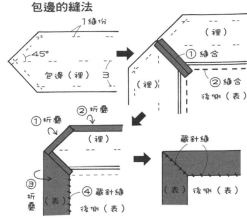

包邊的縫法

後側
表布

56

13

1

3包邊

表布

56

前側
上層布
鋪棉
襯布

56

56

50

3包邊
別布C
別布A
別布C
別布B
別布A
別布A
別布C
封邊壓線
表布

1.5
1

第23頁作品32 伊利瑪＆馬伊雷的壁飾

材料

表布（檸檬色素面）60×60cm
別布A（黃色素面）90×60cm
別布B（綠色素面）40×15cm
鋪棉、襯布各60×60cm

作法

1. 60×60cm的貼布摺成1/8，裁剪花和周圍
2. 把1疊在表布上打開，然後配置別布B的貼布，進行貼布縫。接著在別布A做貼布縫。完成上層布。
3. 上層布、鋪棉和襯布重疊一起縫壓線。
4. 剪掉周圍多餘的縫份，加以滾邊。

第22頁作品30　馬伊雷＆伊利瑪的圓形抱枕套

材料

表布（檸檬色素面）80×120cm
別布A（深橙色素面）60×60cm
別布B（綠色素面）40×40cm
鋪棉、襯布各60×60cm

貼布圖案是實物大小的型紙A面
型紙的種類和裁剪片數
　1/4型紙的貼布-1片
　葉子-28片

作法

1. 別布A和別布B的貼布分別摺四摺，裁剪。
2. 把別布A的貼布疊在表布上打開，配置別布B。
3. 再依別布B、別布A的順序進行貼布縫。完成上層布。
4. 上層布、鋪棉和襯布重疊一起縫壓線。
5. 剪掉周圍多餘的縫份。
6. 後側抱枕的入口摺疊三摺縫住。
7. 後側2片重疊做疏縫。
8. 前側和後側相疊，周圍加以滾邊。

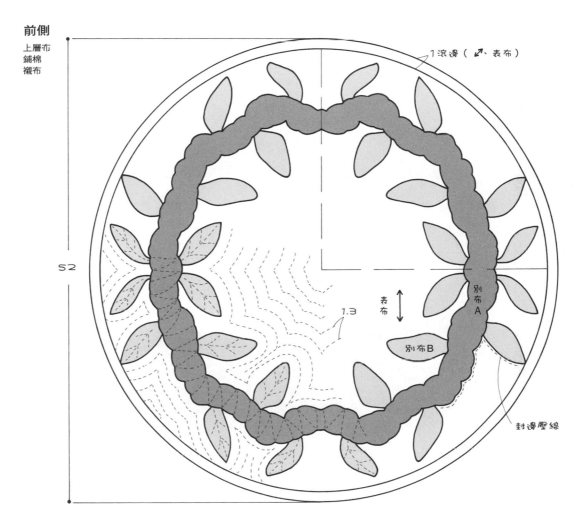

前側
上層布
鋪棉
襯布

1滾邊（　、表布）

52

1.3

表布

別布A

別布B

封邊壓線

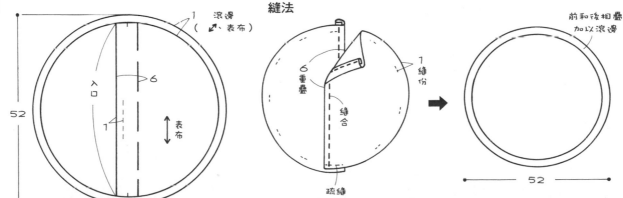

後側
表布

1　滾邊
（　、表布）

入口

6

1

表布

52

縫法

6
重疊

7
縫份

縫合

前和後相疊
加以滾邊

疏縫

52

第24頁作品33 石栗的抱枕套

材料
表布（綠色素面）80×120cm
別布（茶色素面）75×45cm
鋪棉 60×60cm
襯布 60×60cm

貼布圖案是實物大小的型紙B面
型紙的種類和裁剪片數
　　1/8型紙的貼布-1片

作法
1. 45×45cm的貼布摺成1/8，裁剪。
2. 把貼布疊在表布上打開，進行貼布縫。完成上層布。
3. 上層布、鋪棉和襯布重疊一起縫壓線。
4. 剪掉周圍多餘的縫份。轉角以後要修成圓弧形。
5. 後側的抱枕入口摺三摺，縫住。
6. 後側2片重疊，在縫份上做疏縫。
7. 前片和後片的表側各朝向外側，縫合周圍。
8. 把轉角剪成圓弧狀，加以滾邊。

抱枕的縫法

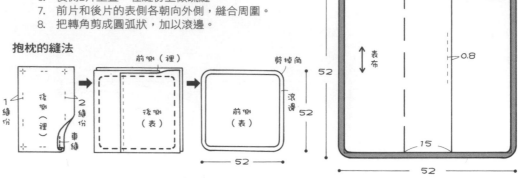

後側

前側
上層布
鋪棉
襯布

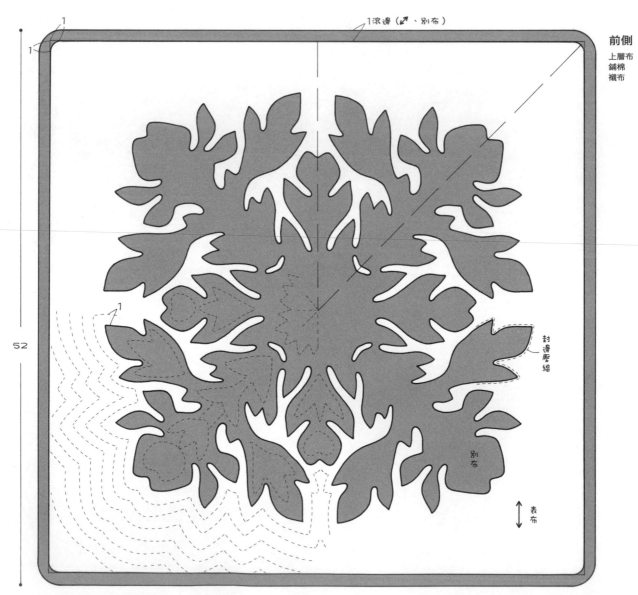

第24頁作品34　石栗花圈的壁飾

貼布圖案是實物大小的型紙B面
型紙的種類和裁剪片數
1/8型紙的貼布-1片
蝴蝶結-4片

材料

表布（米黃色素面）60×60cm
別布A（焦茶色素面）90×60cm
別布B（黑色素面）20×20cm
鋪棉、襯布各60×60cm

作法

1. 60×60cm的貼布A摺成1/8，裁剪石栗和周圍的花圈。
2. 別布B摺成1/8，裁剪蝴蝶結。
3. 把1的貼布疊在表布上打開，進行貼布縫。其上在配置別布B，進行貼布縫。完成上層布。
4. 上層布、鋪棉和襯布重疊一起縫壓線。
5. 剪掉周圍多餘的縫份，加以滾邊。

1滾邊（↗、表布A）

封邊壓線

52

1.1

表布

別布A

別布B

52

38 石栗的餐墊
材料

表布（淺米黃色素面）55×45cm
別布（米黃色素面）75×40cm
鋪棉、襯布各55×45cm

貼布圖案在116頁
型紙的種類和裁剪片數
　1/4型紙-1片

38的作法

1. 45×35cm的貼布摺成四摺，裁剪。
2. 把貼布疊在表布上打開，進行貼布縫。
　 完成上層布。
3. 上層布、鋪棉和襯布重疊一起縫壓線。
4. 剪掉周圍多餘的縫份，加以滾邊。

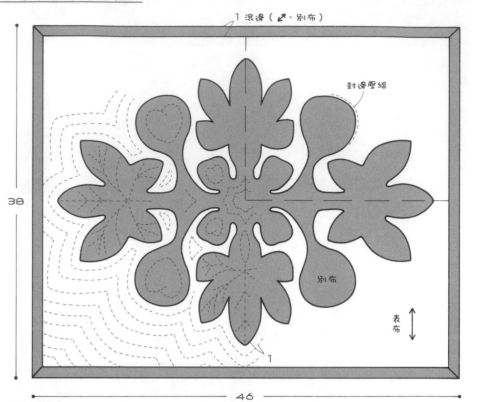

37 石栗的杯墊
材料

表布（淺米黃色素面）20×20cm
別布（米黃色素面）30×40cm
鋪棉、襯布各20×20cm

貼布圖案在116頁
型紙的種類和裁剪片數
　1/2型紙-1片

37的作法

1. 15×15cm的貼布對摺，裁剪。
2.～4.都和38的作法相同。

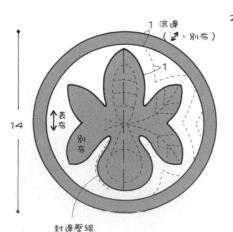

35 石栗的糖罐、奶油罐墊
材料

表布（淺米黃色素面）40×35cm
別布（米黃色素面）65×30cm
鋪棉、襯布各40×35cm

35的作法

1. 30×25cm的貼布摺成四摺，裁剪。
2.～4.都和38的作法相同。

貼布圖案在116頁
型紙的種類和裁剪片數
　1/4型紙-1片

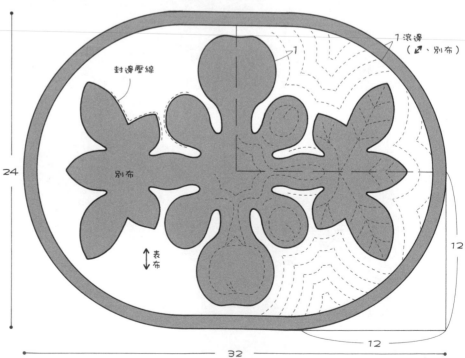

36 石栗的茶壺保溫罩
材料
表布（淺米黃色素面）90×30cm
別布（米黃色素面）75×50cm
鋪棉、襯布各90×25cm

貼布圖案在117頁
型紙的種類和裁剪片數
1/2型紙-1片

作法
1. 35×25cm的貼布對摺，裁剪。
2. 把貼布疊在表布上打開，進行貼布縫。完成上層布。
3. 上層布、鋪棉和襯布重疊一起縫壓線。
4. 2片的表側各朝向外側相疊，邊夾住舌片邊在周圍滾邊。
5. 入口加以滾邊。

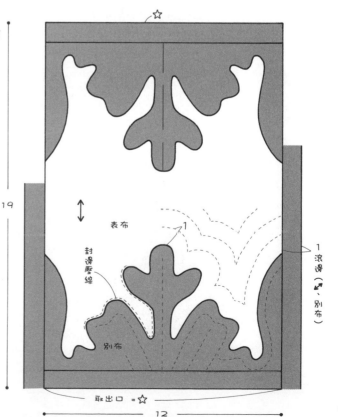

本體2片
上層布
鋪棉
襯布

滾邊（↗、別布）

別布

封邊壓線

表布

舌片1片

裁剪

別布

摺疊

交叉縫

10

4

舌片裝法

本體

縫

滾邊布（裡）

舌片

舌片

藏針縫

本體

12

12

22

38

對摺邊

1

4

第29頁作品46　扶桑花的小包面紙袋

材料
表布（淺米黃色素面）20×25cm
別布（紅色素面）30×25cm
鋪棉、襯布各20×25cm

貼布圖案在118頁
型紙的種類和裁剪片數
1/2型紙的貼布-2片

作法
1. 20×10cm的貼布對摺，裁剪。這樣準備2片。
2. 把貼布疊在表布上打開，進行貼布縫。完成上層布。
3. 上層布、鋪棉和襯布重疊一起縫壓線。
4. 剪掉周圍多餘的縫份，面紙取出口部分加以滾邊。
5. 摺入側邊縫合。兩側邊加以滾邊。

本體1片
上層布
鋪棉
襯布

別布

表布

封邊壓線

別布

滾邊（↗、別布）

取出口 =☆

☆

19

12

縫法

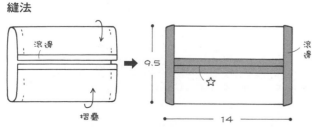

滾邊

摺疊

滾邊

滾邊

☆

9.5

14

第26頁作品39 茂伊玫瑰的壁飾

材料
表布（淺粉紅色素面）80×80cm
別布A（深粉紅色素面）90×100cm
別布B（白色素面）少許
鋪棉、襯布各80×80cm

作法
1. 50×50cm的貼布摺成1/8，裁剪。
2. 把貼布疊在表布上打開，進行貼布縫。洞也要縫（參照45頁）。完成上層布。
3. 上層布、鋪棉和襯布重疊一起縫壓線。
4. 剪掉周圍多餘的縫份。
5. 用8cm寬的滾邊布在周圍包邊。縫法和一般滾邊相同。加以滾邊

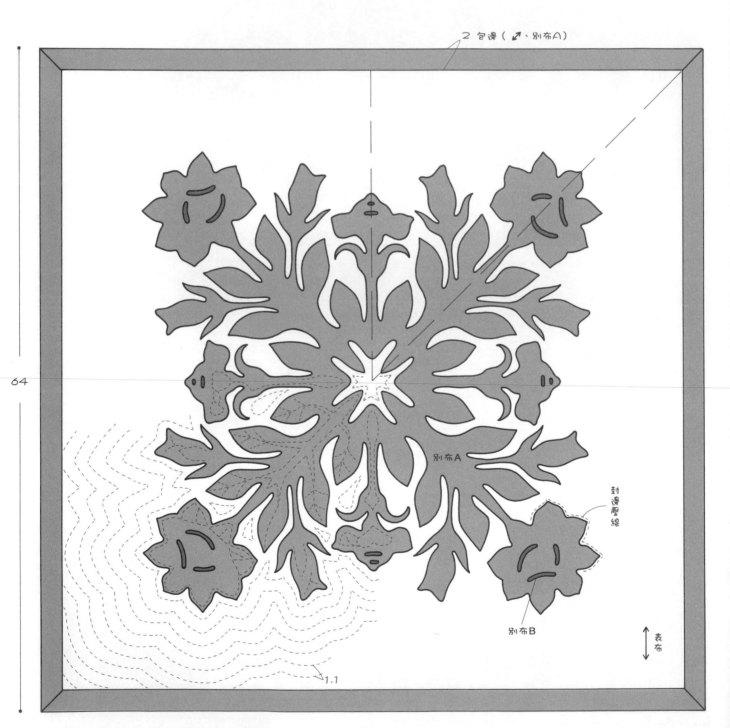

2 包邊（ ↗、別布A）

別布A

別布B

封邊壓線

表布

64

64

1.1

第26頁作品40 茂伊玫瑰&茶樹葉花圈的壁飾

材料

表布（白色素面）60×60cm
別布A（綠色素面）60×60cm
別布B（淡粉紅色）60×35cm
別布C（淡粉紅色）20×20cm
鋪棉、襯布各60×60cm

作法

1. 別布A摺成1/8，裁剪。30×30cm的別布B摺成1/8，裁剪茂伊玫瑰。
2. 把貼布疊在表布上打開，進行貼布縫。洞也要縫（參照45頁）。完成上層布。
3. 上層布、鋪棉和襯布重疊一起縫壓線。
4. 剪掉周圍多餘的縫份，加以滾邊。

貼布圖案是實物大小的型紙B面

型紙的種類和裁剪片數
1/8型紙的貼布-1片
茂伊玫瑰-4片

1滾邊（　、別布B）

封邊壓線

52

52

別布C　別布B

別布A

表布

第27頁作品41 茂伊玫瑰的小提包

貼布圖案在117頁
型紙的種類和裁剪片數
1/2型紙的貼布-1片

材料

表布（鐵灰色素面）90×50cm
別布（深粉紅色）45×20cm
鋪棉90×50cm
直徑13cm的藤製提把1組
處理縫份用的斜紋滾邊條80cm

作法

1. 貼布對摺，裁剪。
2. 把貼布疊在前本體的表布上打開，進行貼布縫。
3. 把2和鋪棉重疊，然後和襯布，以表對表方式朝向內側，縫合入口側。
4. 翻回表側，縫隔層。縫壓線。
5. 口袋的表布和鋪棉如下圖般相疊，縫合周圍。翻回表側，入口滾邊。
6. 後本體的表布鋪棉和襯布如前本體一樣相疊縫合，翻回表側。縫份加以疏縫。
7. 把口袋縫在後本體。
8. 前本體和後本體的表側各朝向內側相疊，縫合周圍。多餘的縫份剪掉。再用斜紋滾邊條包住處理縫份。
9. 包住提把，用藏針縫裝置在本體。

本體2片
上層布（後側是表布1片沒有貼布）
鋪棉
襯布（表布）

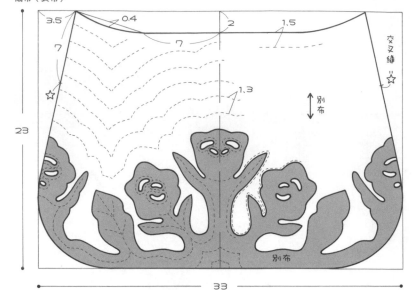

提包的作法

口袋
表布2片
鋪棉1片

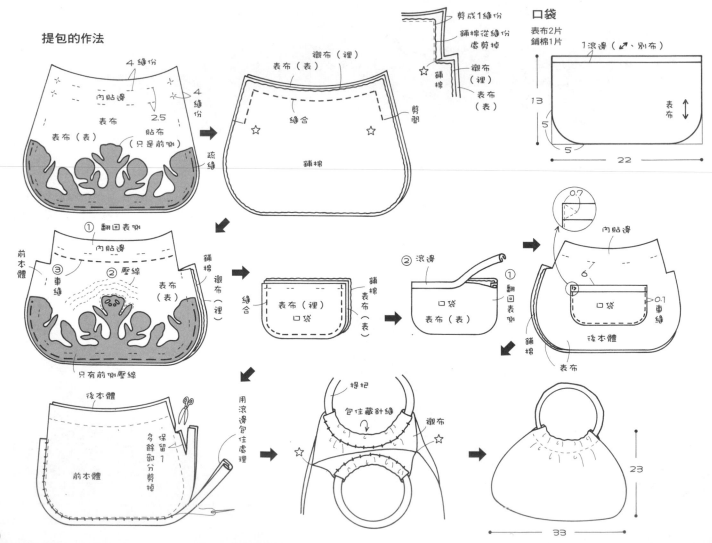

第27頁作品42 茂伊玫瑰的圓筒包

貼布圖案是實物大小的型紙A面
型紙的種類和裁剪片數
1/4型紙的貼布-1片

材料

表布（淺米黃色素面）110×90cm
別布（紅色素面） 110×100cm
鋪棉、襯布各110×90cm
中袋布（印花布）90×75cm
50cm的拉鍊1條
處理縫份用的斜紋滾邊條1.5m

本體2片
上層布
鋪棉
襯布

中袋1片
印花布
鋪棉
襯布

作法

1. 75×60cm的貼布摺成四摺，裁剪。
2. 把貼布疊在本體的表布上打開，進行貼布縫。完成上層布。
3. 上層布、鋪棉和襯布重疊一起縫壓線。剪掉周圍多餘的縫份。
4. 摺疊入口的縫份，縫上拉鍊。
5. 把中袋布用藏針縫固定在本體上。
6. 襯布縫壓線。中袋襯布疏縫。
7. 襯布和本體的表側各朝外側相疊，縫住周圍，加以滾邊。
8. 製作提把，用藏針縫固定在本體。縫份用布覆蓋。

※作法參照96頁。

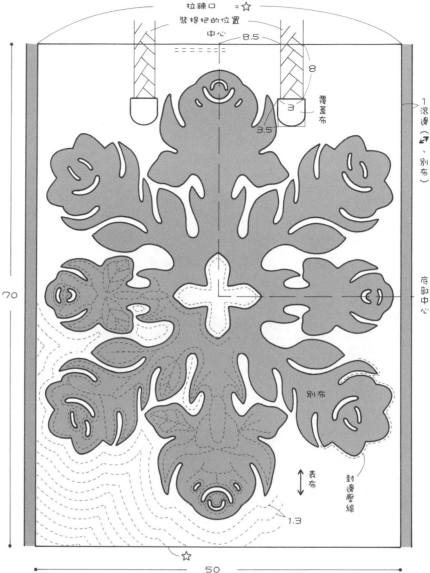

襯布2片 上層布 鋪棉 襯布　　**中袋襯布2片** 印花布 鋪棉 襯布

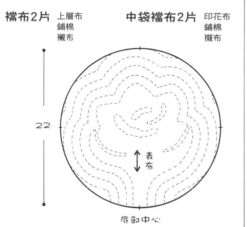

提把2條

提包的作法

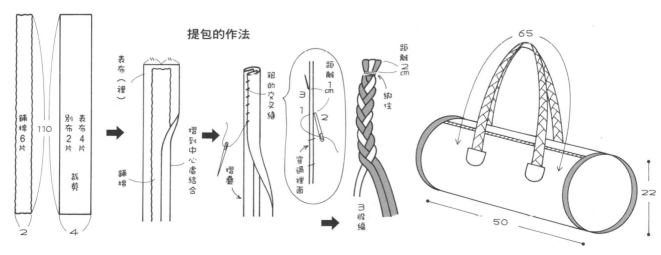

第28頁作品43～45　摩奇花的小物筒3件

表布---紫色素面
別布A---綠色素面
別布B---黃綠色素面

43 材料（小）
表布 65×25cm
別布A 65×25cm
別布B 30×15cm
鋪棉 55×30cm
襯布 55×30m
中袋布 55×30cm

44 材料（中）
表布 90×50cm
別布A 65×20cm
別布B 90×45cm
鋪棉 90×50cm
襯布 90×50m
中袋布 90×25cm

45 材料（大）
表布 85×90cm
別布A 85×25cm
別布B 85×20cm
鋪棉 90×90cm
襯布 90×90m
中袋布 90×45cm

作法（3件皆同）
1. 貼布分別對摺，裁剪。
2. 把貼布疊在本體的表布上打開，進行貼布縫。完成上層布。
3. 上層布、鋪棉和襯布重疊一起縫壓線。
4. 底布縫壓線。和中袋底相疊，在縫份上做疏縫。
5. 中袋、鋪棉和襯布重疊一起縫壓線。
6. 剪掉個別多餘的縫份，縫合本體側邊。縫合中袋側邊。
7. 把中袋裝入本體中，再和底部縫合。縫份加以滾邊。

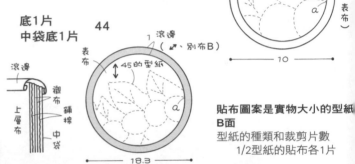

43本體1片　**中袋1片**

底1片　**中袋底1片**
底1片 表布／鋪棉／襯布
中袋底1片 印花布／鋪棉／襯布

底1片
中袋底1片 44

44本體1片　中袋1片

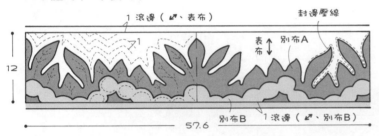

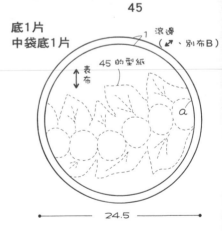

貼布圖案是實物大小的型紙B面
型紙的種類和裁剪片數
1/2型紙的貼布各1片

45本體1片　中袋1片

底1片
中袋底1片 45

小物包的作法

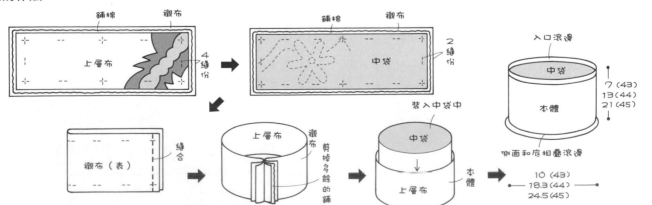

第29頁作品47 扶桑花的迷你手提包

材料

表布（紺色素面）50×60cm
別布（黃色素面）50×50cm
鋪棉100×60cm
襯布100×60cm
中袋布（印花布）100×30cm
3cm寬的扁帶子1m

作法

1. 50×25cm的貼布對摺，裁剪。
2. 把貼布疊在本體的表布上打開，進行貼布縫。這樣製作2片。
3. 上層布、鋪棉和襯布重疊一起縫壓線。
4. 剪掉多餘的縫份，本體2片相疊，縫合周圍。縫襠份。
5. 中袋布、鋪棉和襯布相疊，沿著圖案縫壓線。
6. 縫中袋的周圍和襠份。
7. 摺疊本體入口的縫份，裝置提把。
8. 把中袋放入本體中，入口藏針縫。

本體2片
上層布
鋪棉
襯布

中袋2片
印花布
鋪棉
襯布

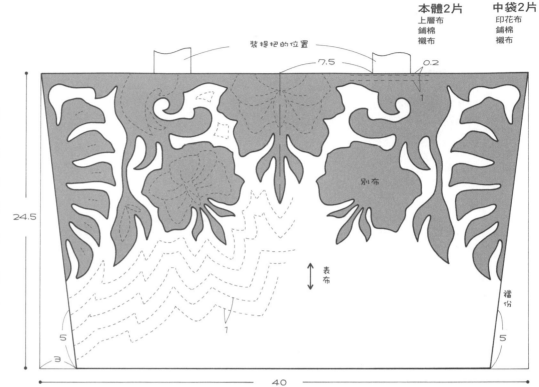

提包的作法

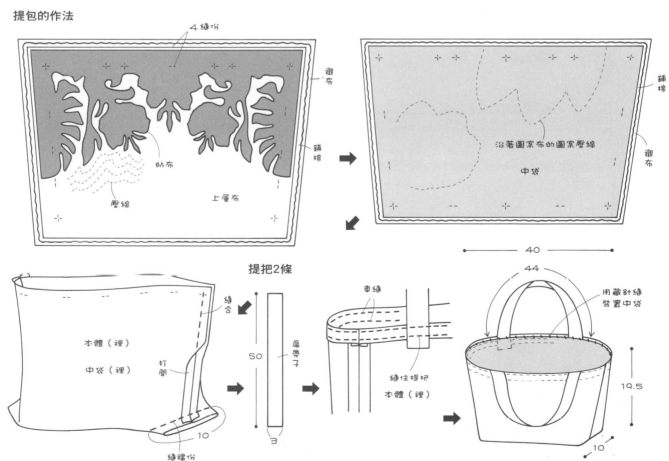

提把2條

83

第31頁作品51～54　茶具墊2款

53、54 石栗的茶具墊
材料
表布（米黃色圖案布）45×35cm
別布（黃、橙色雲染）50×30cm
鋪棉、襯布各45×35cm

51、52 薑花的茶具墊
材料
表布（米黃色圖案布）45×35cm
別布（藍、紫色雲染）50×35cm
鋪棉、襯布各45×35cm

貼布圖案在119頁（2款相同）
型紙的種類和裁剪片數
　1/2型紙的貼布-1片

53、54的作法
1. 30×15cm貼布對摺，裁剪。
2. 把貼布疊在表布上打開，進行貼布縫。完成上層布。
3. 上層布、鋪棉和襯布重疊一起縫壓線。
4. 剪掉周圍多餘的縫份，然後加以滾邊。

51、52的作法
1. 20×20cm、15×15cm的貼布對摺，裁剪。
2.～4.的作法和53、54相同。

53.54

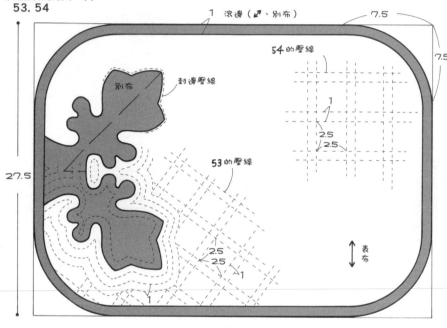

51.52

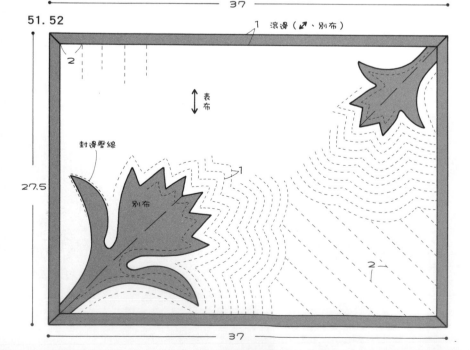

第32頁作品
55、56抱枕套2款

55 鳶尾花抱枕套
材料
表布（水色雲染）110×50cm
別布（藍色雲染）55×80cm
鋪棉、襯布各50×50cm

56 芒果抱枕套
材料
表布（淡黃色素面）90×100cm
別布（黃色素面）75×45cm
鋪棉、襯布各50×50cm

作法
1. 45×45cm的貼布摺成1/8，裁剪。
2. 把貼布疊在前側的表布上打開，進行貼布縫。完成上層布。
3. 上層布、鋪棉和襯布重疊一起縫壓線。
4. 剪掉周圍多餘的縫份。
5. 後側入口布摺三摺縫住。
6. 後側2片重疊，進行疏縫。
7. 前片和後面相疊，周圍縫合。
8. 55的周圍是包邊，56是滾邊。

抱枕的縫法

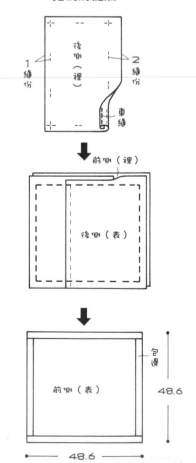

貼布圖案在120頁
型紙的種類和裁剪片數
1/8型紙的貼布-1片

後側
表布

前側
上層布
鋪棉
襯布

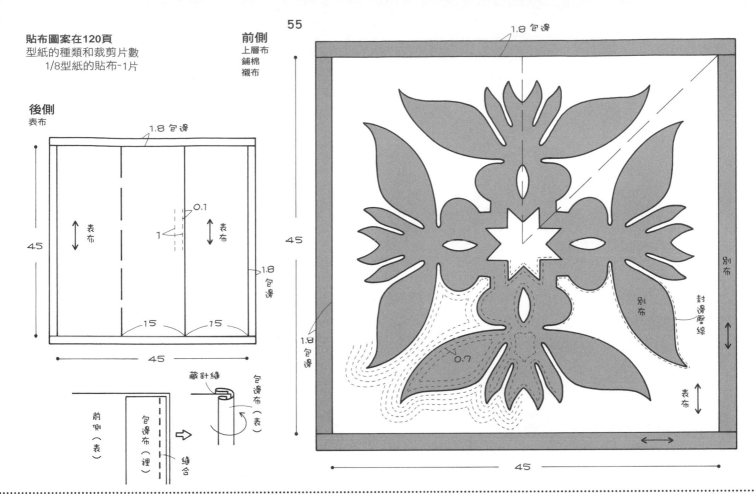

1.8 包邊

表布

45

45

0.1

1

表布

表布

1.8 包邊

15   15

45

藏針縫

包邊布（表）

前側（表）

包邊布（裡）

縫合

別布

封邊壓線

表布

0.7

1.8 包邊

45

45

後側
表布

前側
上層布
鋪棉
襯布

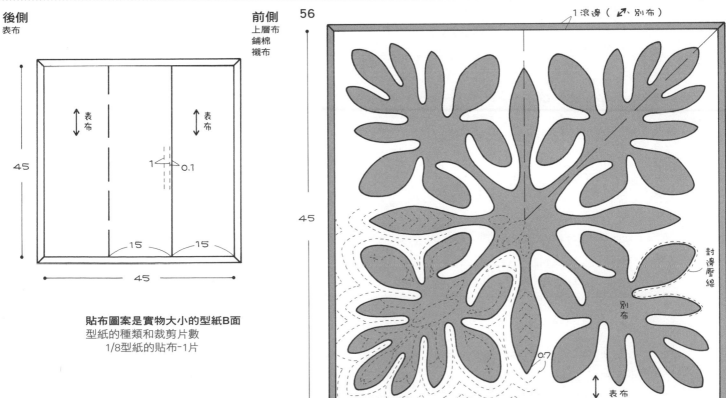

表布

表布

45

1

0.1

15   15

45

貼布圖案是實物大小的型紙B面
型紙的種類和裁剪片數
1/8型紙的貼布-1片

1 滾邊（別布）

封邊壓線

別布

0.7

表布

45

45

第30頁作品48 龜背芋的隔熱端鍋布

材料
表布（黃色雲染）30×30cm
別布（綠色雲染）60×30cm
鋪棉、襯布各30×30cm

作法
1. 20×30cm的貼布對摺，裁剪。
2. 把貼布疊在表布上打開，進行貼布縫。完成上層布。
3. 上層布、鋪棉和襯布重疊一起縫壓線。
4. 剪掉周圍多餘的縫份。
5. 製作環，邊夾住環邊加以滾邊。

貼布圖案在123頁
型紙的種類和裁剪片數
1/2型紙的貼布-1片

環1條

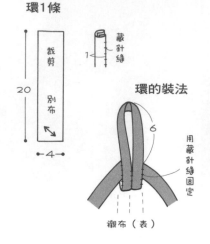

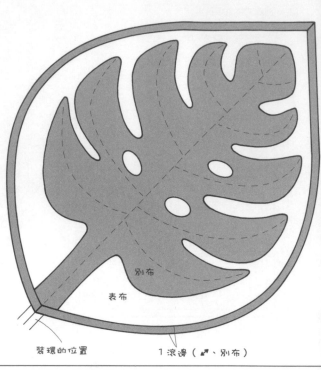

第21頁作品27、28，33頁作品57、59 珠寶盤4款

27 桃金孃花的珠寶盤（大）
材料
表布（淺米黃色素面）50×50cm
別布（紅色素面）25×25cm
鋪棉、襯布各50×50cm
裡布（紅色印花布）45×75cm
粗1cm的圓繩1.7m
繩用的緞質緞帶1cm寬2m

59 鳳梨的珠寶盤（大）
材料
表布（淺米黃色素面）50×50cm
別布（檸檬色素面）55×30cm
鋪棉、襯布各50×50cm
裡布（水色印花布）45×45cm
粗1cm的圓繩1.7m
繩用的緞質緞帶2.5cm寬2m

作法
1. 貼布對摺（大的是30×25cm，小的是20×20cm），裁剪。
2. 把貼布疊在表布上打開，進行貼布縫。完成上層布。
3. 上層布、鋪棉和襯布重疊一起縫壓線。
4. 把3和裡布重疊，用針車壓線。
5. 剪掉周圍多餘的縫份，邊包住圓繩邊加以滾邊。此時，也把綁帶夾在裡布側。

28 桃金孃花的珠寶盤（小）
材料
表布（淺米黃色素面）35×35cm
別布（紅色素面）30×30cm
鋪棉、襯布各35×35cm
裡布（紅色印花布）30×30cm
粗1.1cm的圓繩1.7m

57 鳳梨的珠寶盤（小）
材料
表布（淺米黃色素面）35×35cm
別布（檸檬色素面）50×30cm
鋪棉、襯布各30×30cm
裡布（水色印花布）30×30cm
粗1cm的圓繩1.1m
繩用的緞質緞帶2cm寬2m

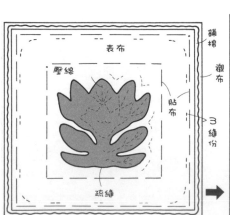

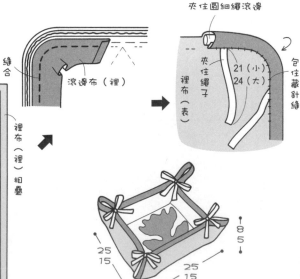

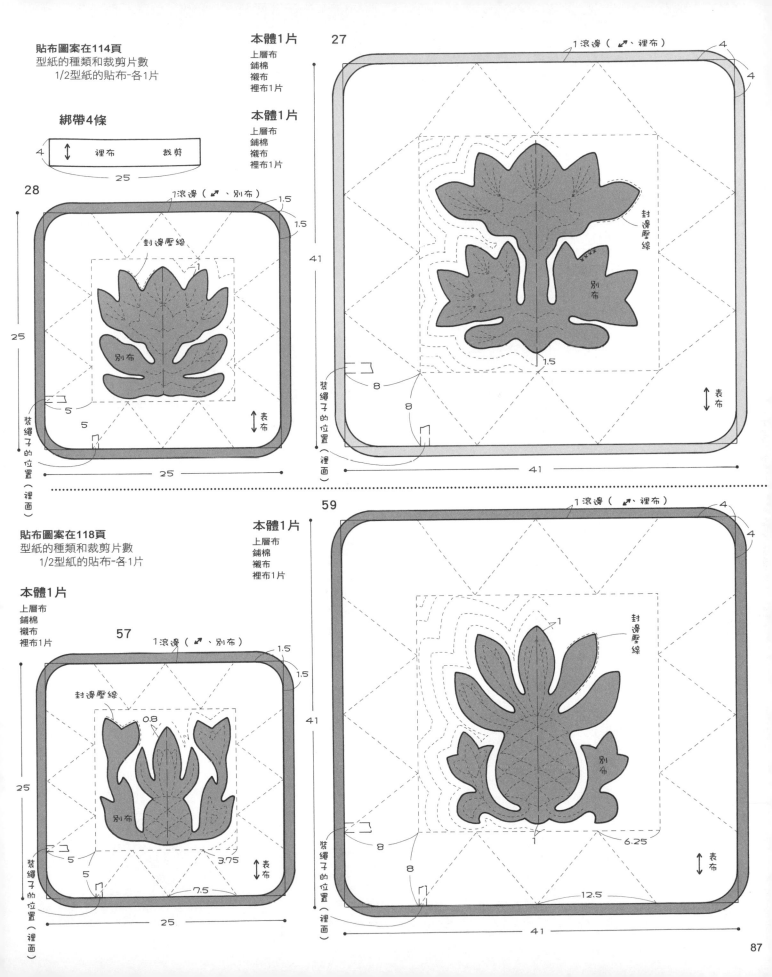

貼布圖案在114頁
型紙的種類和裁剪片數
1/2型紙的貼布-各1片

綁帶4條

4 ↕ 裡布　　裁剪
└─ 25 ─┘

28

1滾邊（↗、別布）　1.5
1.5

封邊壓線
1

別布
5
5
25

裝繩子的位置（裡面）
25

27
本體1片
上層布
鋪棉
襯布
裡布1片

本體1片
上層布
鋪棉
襯布
裡布1片

1滾邊（↗、裡布）　4
4

41

封邊壓線

別布
×××
1.5

8
8

裝繩子的位置（裡面）

41

表布

貼布圖案在118頁
型紙的種類和裁剪片數
1/2型紙的貼布-各1片

本體1片
上層布
鋪棉
襯布
裡布1片

57

1滾邊（↗、別布）　1.5
1.5

封邊壓線
0.8

別布
5
5
3.75
7.5
25

裝繩子的位置（裡面）

表布

59
本體1片
上層布
鋪棉
襯布
裡布1片

1滾邊（↗、裡布）　4
4

41

封邊壓線
1

別布

8
8
1
6.25
12.5
41

裝繩子的位置（裡面）

表布

第30頁作品49、50　隔熱端鍋布2款

49　火鶴的隔熱端鍋布
材料
表布（淡綠色素面）30×30cm
別布（深綠色素面）60×30cm
鋪棉、襯布各30×30cm
直徑1.4cm的鈕扣2個

50　麵包樹的隔熱端鍋布
材料
表布（紅磚色素面）30×30cm
別布（檸檬色素面）60×30cm
鋪棉、襯布各30×30cm
直徑1.4cm的鈕扣2個

作法（2款相同）
1. 20×20cm的貼布摺成1/8，裁剪。
2. 把貼布疊在表布上打開，進行貼布縫。完成上層布。
3. 上層布、鋪棉和襯布重疊一起縫壓線。
4. 剪掉周圍多餘的縫份，然後加以滾邊。
5. 製作舌片，用鈕扣夾住固定在本體。

49

舌片1片

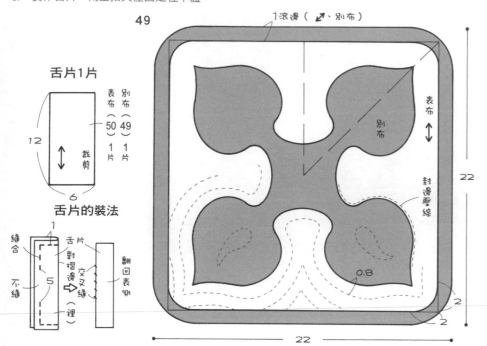

舌片的裝法

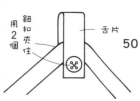

50

貼布圖案在119頁
（2款相同）
型紙的種類和裁剪片數
1/8型紙的貼布-各1片

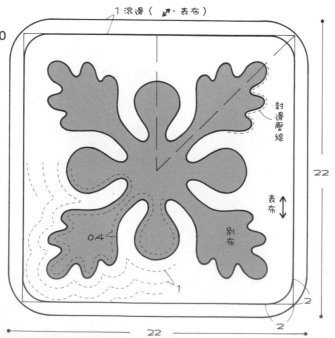

第33頁作品58
龜背芋的面紙盒套

材料
表布（米黃色素面）70×30cm
別布（水色素面）70×30cm
鋪棉　60×30cm
襯布（印花布）90×30cm

貼布圖案是實物大小的型紙B面
型紙的種類和裁剪片數
樣版型紙、本體、襯布各2片

襯布2片
上層布
鋪棉
襯布

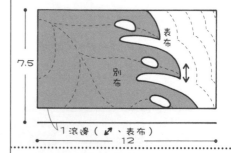

第21頁作品29
桃金孃花的面紙盒罩

材料
表布（藍色素面）65×30cm
別布（水色素面）90×30cm
鋪棉　60×30cm
襯布（印花布）90×30cm

貼布圖案在115頁
型紙的種類和裁剪片數
1/2型紙、本體、襯布各2片

襯布2片
上層布
鋪棉
襯布

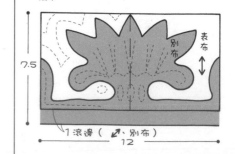

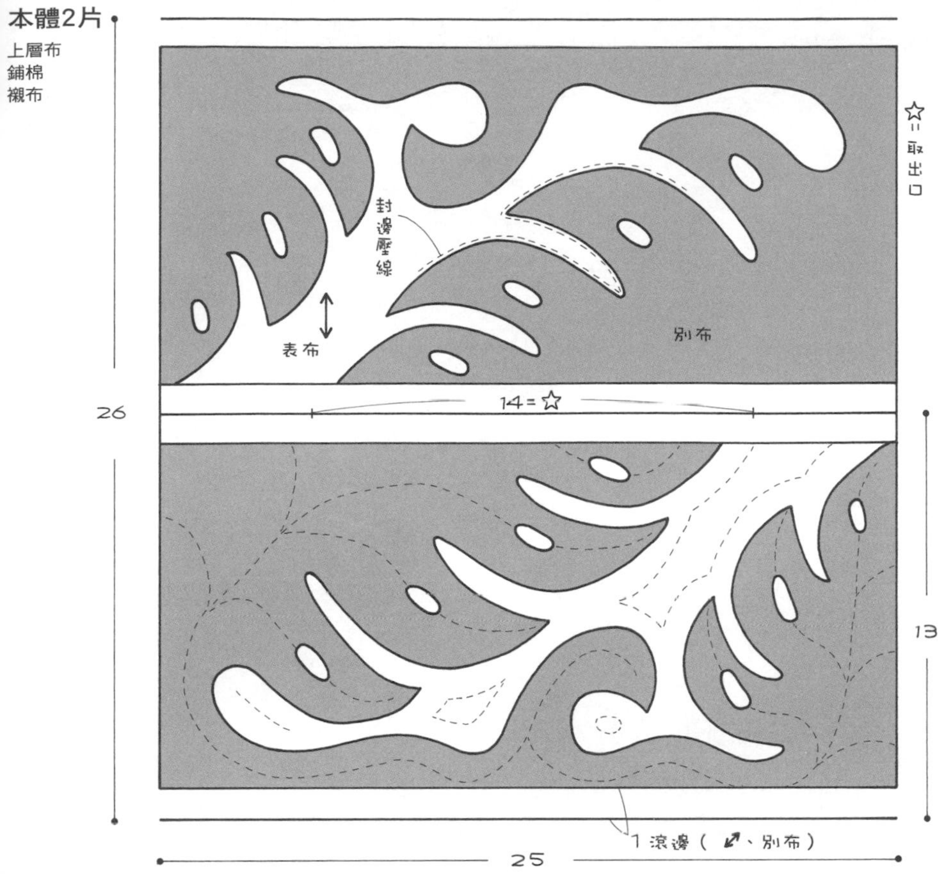
本體2片
上層布
鋪棉
襯布
☆＝取出口
封邊壓線
表布
別布
14＝☆
26
13
1滾邊（↗、別布）
25

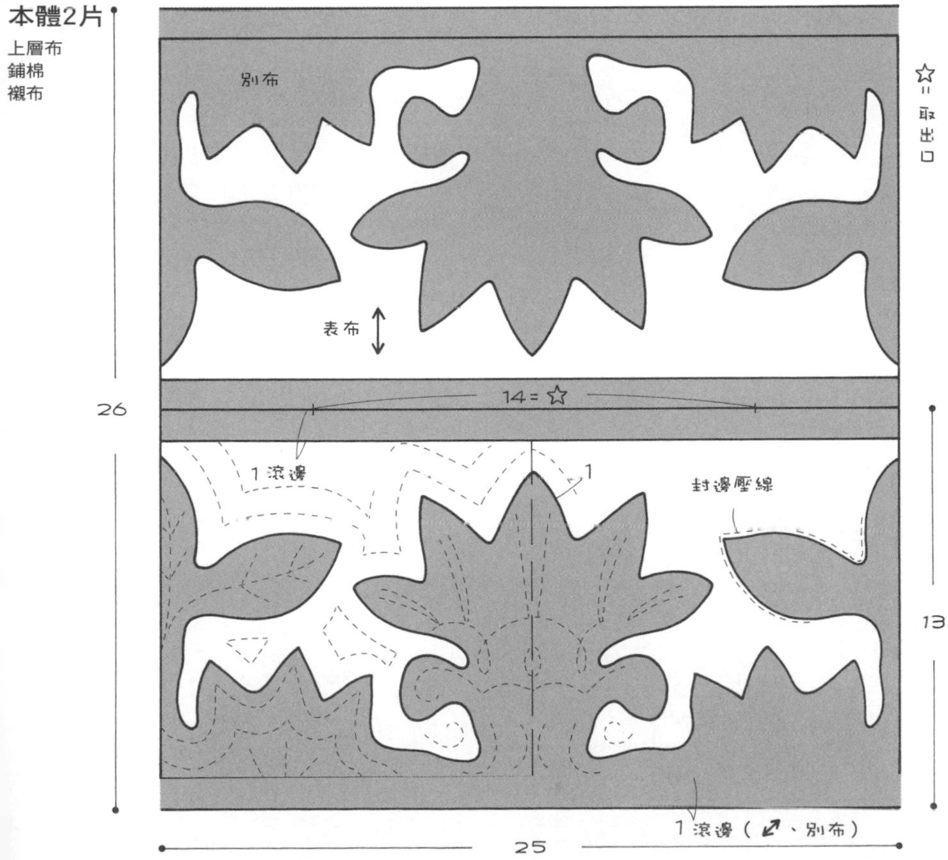
本體2片
上層布
鋪棉
襯布
☆＝取出口
別布
表布
14＝☆
26
1滾邊
1
封邊壓線
13
1滾邊（↗、別布）
25

作法（2款相同）

1. 貼布分別裁剪，疊在表布上做貼布縫。完成上層布。
2. 上層布、鋪棉和襯布重疊一起縫壓線。
3. 重新測量尺寸，剪掉多餘的縫份。
4. 本體和襠布，表對表朝向內側相疊，縫合周圍。
5. 縫份使用和襯布同布的斜紋滾邊布加以包住處理。
6. 入口加以滾邊。

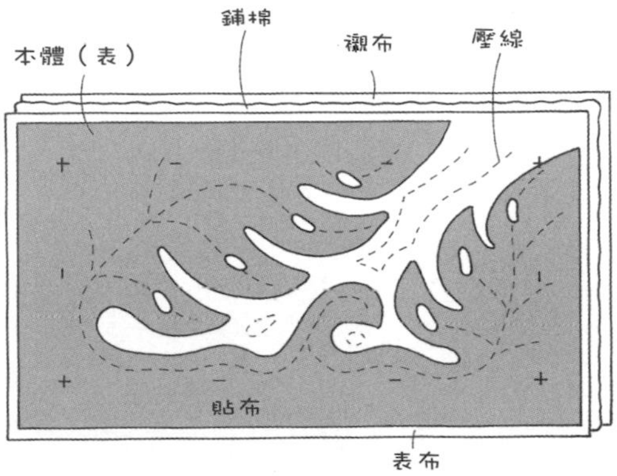
鋪棉
本體（表）
襯布
壓線
貼布
表布

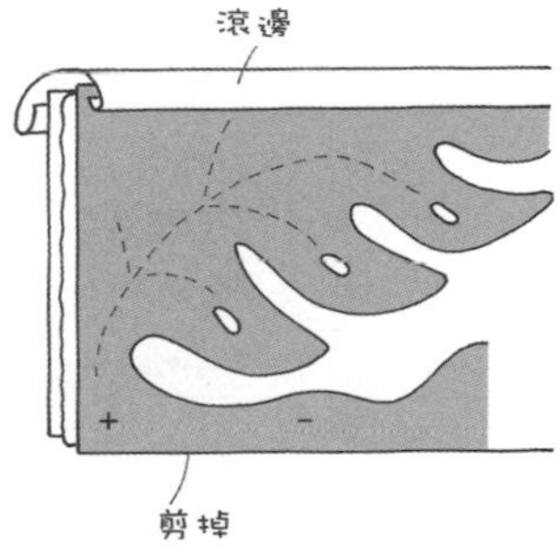
滾邊
剪掉

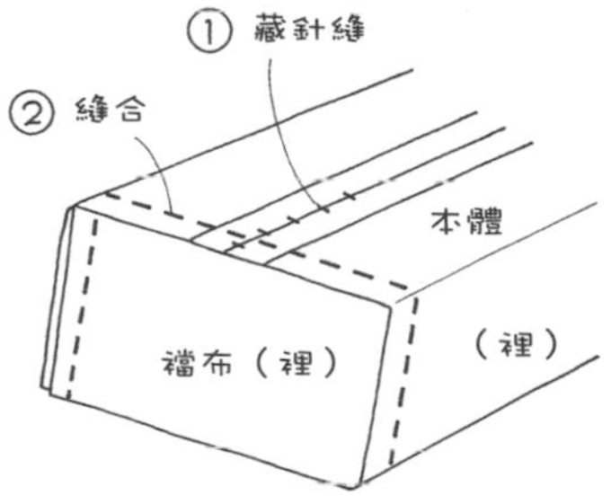
① 藏針縫
② 縫合
本體
襠布（裡）
（裡）

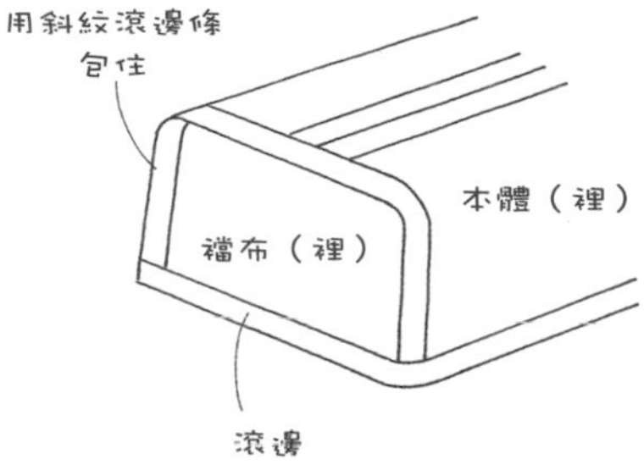
用斜紋滾邊條
包住
本體（裡）
襠布（裡）
滾邊

第33頁作品60 木玫瑰的珠寶盒

貼布圖案在121頁
型紙的種類和裁剪片數
蓋子 1/8型紙的貼布-1片
側面 1/2型紙-4片

材料
表布（深茶色格紋）90×70cm
別布（淡茶色格紋）90×130cm
鋪棉 90×100cm
襯布 90×80cm
厚紙（2mm程度的厚度）70×70cm
7mm寬的鋸齒狀飾帶1.2m
珠子、25號刺繡線適量

作法
1. 本體用40×40cm的貼布摺成1/8，裁剪。側面用30×10cm的貼布對摺，裁剪。
2. 分別把貼布疊在表布上打開，進行貼布縫。完成上層布。
3. 分別將上層布、鋪棉和襯布重疊一起縫壓線。表蓋、側面、表底也要縫壓線。
4. 在表蓋上縫珠子。裡蓋用的別布縫上鋸齒狀飾帶、刺繡和珠子。
5. 表蓋和裡蓋相疊縫合周圍，翻回表側，塞入厚紙。
6. 製作舌片，用藏針縫固定在裡蓋。
7. 側面、底布如同蓋子一般縫合，塞入厚紙。
8. 蓋子、側面、底布對準，用密的交叉縫組合起來。
9. 製作區隔板（參照下圖）、用交叉縫連結。
10. 把區隔板裝入盒子裡。

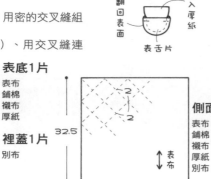

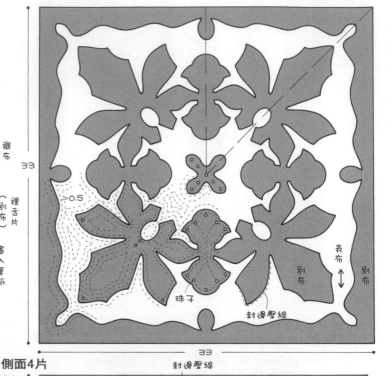

表蓋1片　上層布　襯布
　　　　　鋪棉　　厚紙

裡蓋1片　別布

33

33

表布

別布

別布

0.5

珠子

封邊壓線

表底1片
表布
鋪棉
襯布
厚紙

裡蓋1片
別布

32.5

32.5

表布

側面4片
表布
鋪棉
襯布
厚紙
別布

封邊壓線

6

表布

32.5

0.5

作法

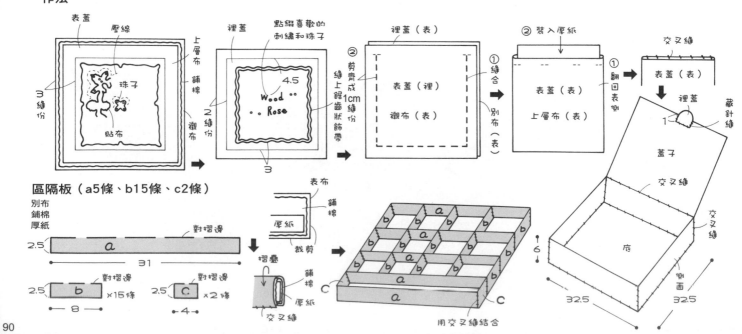

表蓋　壓線　　裡蓋　　點綴喜歡的刺繡和珠子
上層布
鋪棉
襯布

珠子
3縫份
貼布
2縫份

4.5
Wood Rose
3
2縫份

剪齊成1cm縫份　縫上鋸齒狀飾帶

裡蓋（表）
表蓋（裡）
襯布（表）
別布（表）
縫合①
裝入厚紙②

裝入厚紙②
表蓋（表）
上層布（表）
縫合①
翻回表側

交叉縫
表蓋（表）
裡蓋
藏針縫
1

蓋子

交叉縫

底

側面

6

32.5　32.5

區隔板（a5條、b15條、c2條）
別布
鋪棉
厚紙

2.5　a　對摺邊
31

2.5　b　對摺邊　×15條
8

2.5　c　對摺邊　×2條
4

表布
鋪棉
厚紙
裁剪

摺疊　鋪棉　厚紙　交叉縫

a　b　b
b　b
a
c　b
a
c

用交叉縫結合

61　鳳梨的小抱枕
材料
表布（白色素面）40×40cm
別布A（粉紅色素面）25×25cm
別布B（黃綠色素面）20×10cm
別布C（黃色素面）20×20cm
別布D（水色素面）40×70cm
鋪棉　40×40cm
襯布　40×40cm
水色毛球邊飾1.3m

62　麵包樹的小抱枕
材料
A布（黃色雲染）20×40cm
B布（紅色雲染）20×40cm
C布（綠色雲染）75×40cm
D布（淡紫色雲染）20×40cm
E布（藍色雲染）30×30cm
鋪棉　40×40cm
襯布　40×40cm
4色毛球邊飾各40cm

63　火鶴的小抱枕
材料
表布（黃色素面）80×40cm
別布（藍色雲染）30×30cm
飾布（各色素面）　適量
鋪棉　40×40cm
襯布　40×40cm
黃色毛球邊飾　1.3m

作法（3款共通）
1. 貼布摺成1/8，裁剪。
2. 把貼布疊在表布（62是4色縫合一起）上打開，進行貼布縫。完成上層布。
3. 上層布、鋪棉和襯布重疊一起縫壓線。剪掉周圍多餘的縫份。
4. 後側入口處摺三摺縫住，然後2片重疊。
5. 前片和後片，表對表朝向內側對準，縫合周圍。縫份用針車以鎖縫處理。
6. 翻回表側，周圍裝置毛球邊飾。

61前側　上層布　鋪棉　襯布

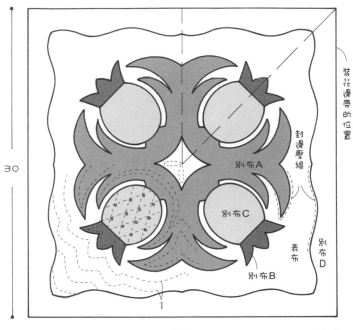

別布A
封邊壓線
別布C
表布
別布B
別布D
裝花邊帶的位置
30
30

63前側　上層布　鋪棉　襯布

飾布
表布
別布
裝花邊帶的位置
30
30

62前側　上層布　鋪棉　襯布

D布
C布
E布
A布
B布
裝花邊帶的位置
30
30

後側
（3款相同）

8
入口
0.5
30
30

61　62　63
別布D　C　表布

62的表布圖形

D布
C布
A布
B布

61、62的貼布圖案在120頁
63的貼布圖案在121頁
型紙的種類和裁剪片數
1/8型紙的貼布-各1片

第35頁作品64 扶桑花的花圈

材料
表布（白色素面）60×60cm
別布（紅色素面）60×60cm
鋪棉 60×60cm
襯布 60×60cm
裡布（印花布）60×60cm
滾邊細繩2.6m
手藝棉約340g

作法
1. 貼布摺成四摺，裁剪。然後疊在表布上打開，進行貼布縫。完成上層布。
2. 上層布、鋪棉和襯布重疊一起縫壓線。剪掉外圈多餘的縫份。
3. 用疏縫把滾邊用細繩裝置在外圈，然後再用疏縫把舌片固定在上面。
4. 裡布和3相疊，只縫合外圈。
5. 翻回表側，把滾邊用細繩疏縫在上層布側。
6. 塞入手藝棉，以密的藏針縫來結合縫份。

第35頁作品
65～67小抱枕3款

66 海豚和海龜的小抱枕
材料
表布（紺色緞布）90×35cm
別布A（水色素面）45×35cm
別布B（歐根紗=organza）
45×35cm
鋪棉、襯布各45×35cm
手藝棉約80g
2.5cm寬的天鵝絨緞帶15cm

67 扶桑花的小抱枕
材料
表布（茶色雲染）90×35cm
別布A（米黃色素面）45×35cm
別布B（歐根紗=organza）
45×35cm
鋪棉、襯布各45×35cm
手藝棉約80g
直徑3mm的珍珠13個
7mm寬的天鵝絨緞帶15cm

65 鳳梨的小抱枕
材料
表布（紺色素面）90×35cm
別布（藍色素面）45×35cm
鋪棉、襯布各45×35cm
手藝棉約80g
1cm寬的天鵝絨緞帶60cm

花圈的作法

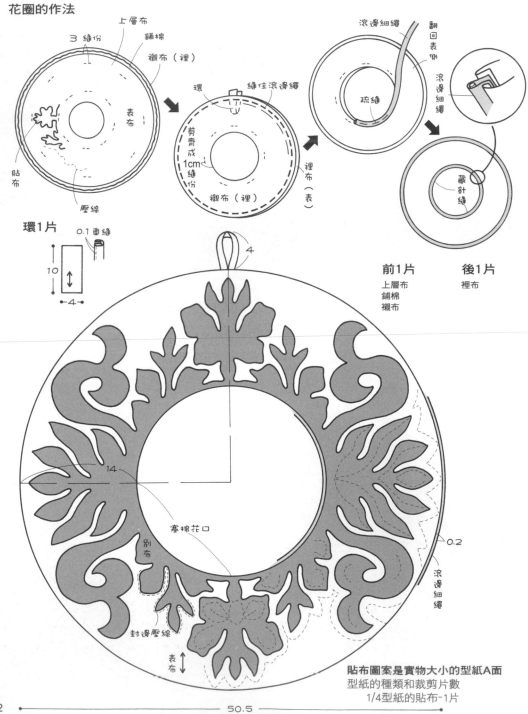

貼布圖案是實物大小的型紙A面
型紙的種類和裁剪片數
　1/2型紙的貼布-各1片

貼布圖案是實物大小的型紙A面
型紙的種類和裁剪片數
　1/4型紙的貼布-1片

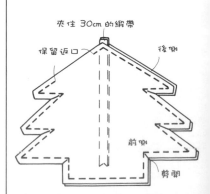

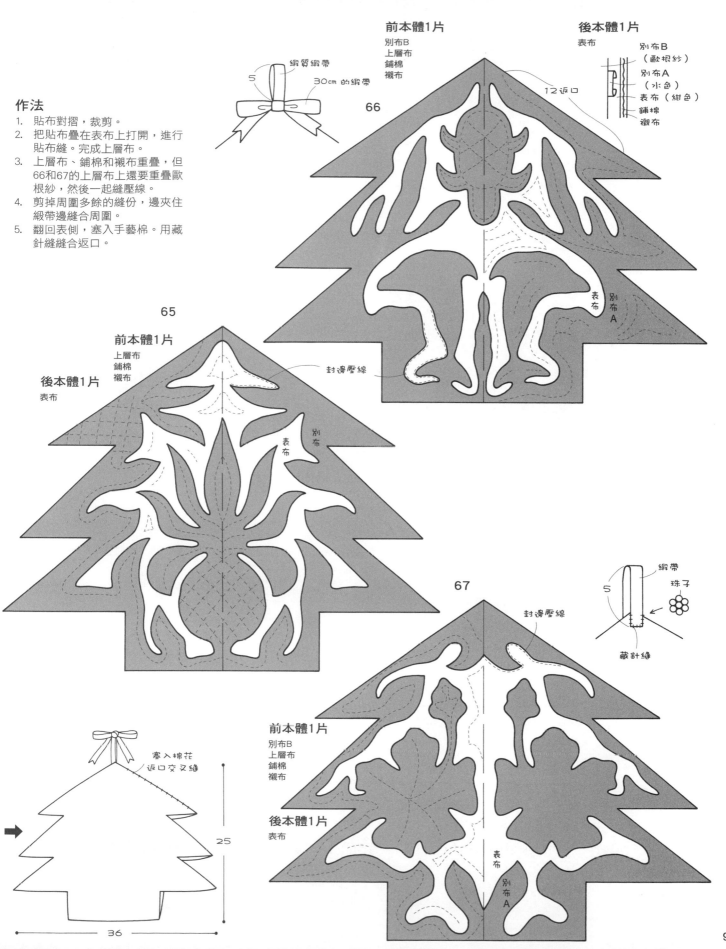

作法

1. 貼布對摺，裁剪。
2. 把貼布疊在表布上打開，進行貼布縫。完成上層布。
3. 上層布、鋪棉和襯布重疊，但66和67的上層布上還要重疊歐根紗，然後一起縫壓線。
4. 剪掉周圍多餘的縫份，邊夾住緞帶邊縫合周圍。
5. 翻回表側，塞入手藝棉。用藏針縫縫合返口。

緞質緞帶

30cm的緞帶

5

前本體1片
別布B
上層布
鋪棉
襯布

66

後本體1片
表布

別布B
（歐根紗）
別布A
（水色）
表布（紺色）
鋪棉
襯布

12返口

別布A

封邊壓線

表布

65

前本體1片
上層布
鋪棉
襯布

後本體1片
表布

表布

別布

67

封邊壓線

緞帶

珠子

5

藏針縫

前本體1片
別布B
上層布
鋪棉
襯布

後本體1片
表布

表布

別布A

塞入棉花
返口交叉縫

25

36

第36頁作品68、69 烏克麗麗琴和花的大提包2款

68 材料
表布（水色素面）110×140cm
別布A（綠色素面）50×60cm
別布B（茶色雲染）50×20cm
花用貼布2種適量
鋪棉 90×70cm
珠子適量

69 材料
表布（焦茶色素面）110×140cm
別布A（綠色素面）50×60cm
別布B（淡茶色素面）50×20cm
花用貼布2種適量
鋪棉 90×70cm

作法
1. 貼布分別裁剪，依據葉片、烏克麗麗、花的順序重疊在本體的表布上，進行貼布縫。完成上層布。
2. 上層布、鋪棉和襯布（使用表布）重疊一起縫壓線。
3. 底部的上層布、鋪棉和襯布（表布）重疊一起縫壓線。
4. 本體片相疊縫合兩側，縫份除了1片襯布保留不剪外，其餘剪成1cm。把保留的襯布包住縫份，用藏針縫處理。
5. 本體和底部的表側各朝向外側相疊，縫住底布，再滾邊。
6. 入口也滾邊。製作提把，用藏針縫固定在本體。
※在喜歡的位置用貼布縫縫上花。

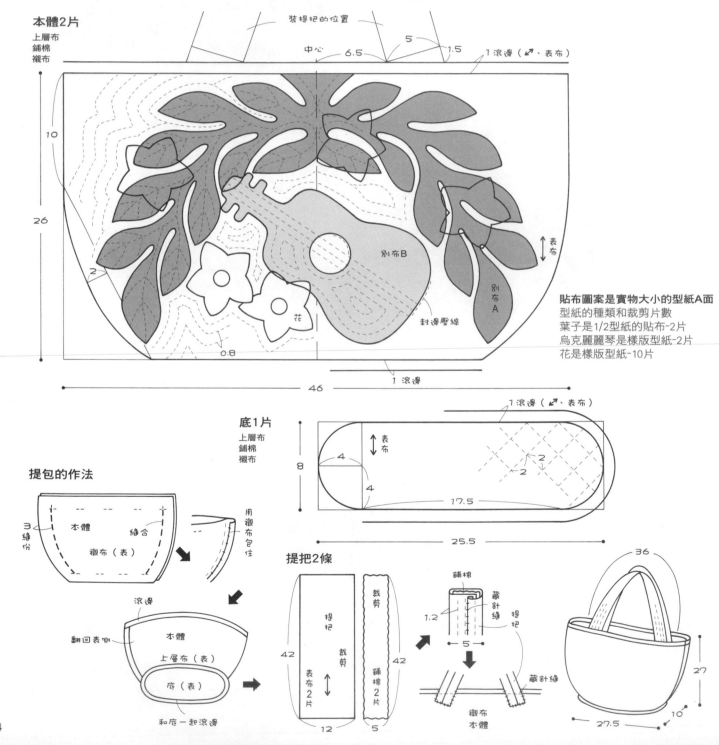

本體2片
上層布
鋪棉
襯布

裝提把的位置
中心
5
6.5
1.5
1滾邊（↗、表布）
10
26
2
別布B
別布A
表布
封邊壓線
0.8
46
1滾邊

貼布圖案是實物大小的型紙A面
型紙的種類和裁剪片數
葉子是1/2型紙的貼布-2片
烏克麗麗琴是樣版型紙-2片
花是樣版型紙-10片

底1片
上層布
鋪棉
襯布
1滾邊（↗、表布）
表布
8
4
4
2
2
17.5
25.5

提包的作法
3縫份
本體
縫合
襯布（表）
用襯布包住
滾邊
翻回表側
本體
上層布（表）
底（表）
和底一起滾邊

提把2條
鋪棉
裁剪
藏針縫
提把
1.2
5
42
提把
裁剪
42
藏針縫
襯布
本體
表布2片
鋪棉2片
12
5
36
27
27.5
10

94

第37頁作品70 夏威夷樂器的壁飾

貼布圖案是實物大小的型紙B面
型紙的種類和裁剪片數
別布A是1/8型紙的貼布-1片
別布B是1/4型紙的貼布-8片
別布C是1/8型紙的貼布-8片
別布D是1/8型紙的貼布-4片

材料

表布（米黃色素面）60×60cm
別布A（芥末色素面）90×60cm
別布B（紅色素面）50×25cm
別布C（綠色素面）30×30cm
別布D（茶色素面）30×30cm
別布E（黑色素面）少許
鋪棉、襯布各60×60cm

作法

1. 裁剪貼布。表布、別布C和別布D是摺成1/8。別布B是25×25cm摺成四摺，裁剪2組。
2. 把貼布依據別布A、別布B、別布D、別布C的順序疊在表布上，進行貼布縫。洞也要縫（參照45頁）。完成上層布。
3. 上層布、鋪棉和襯布重疊一起縫壓線。
4. 剪掉周圍多餘的縫份，然後加以滾邊。

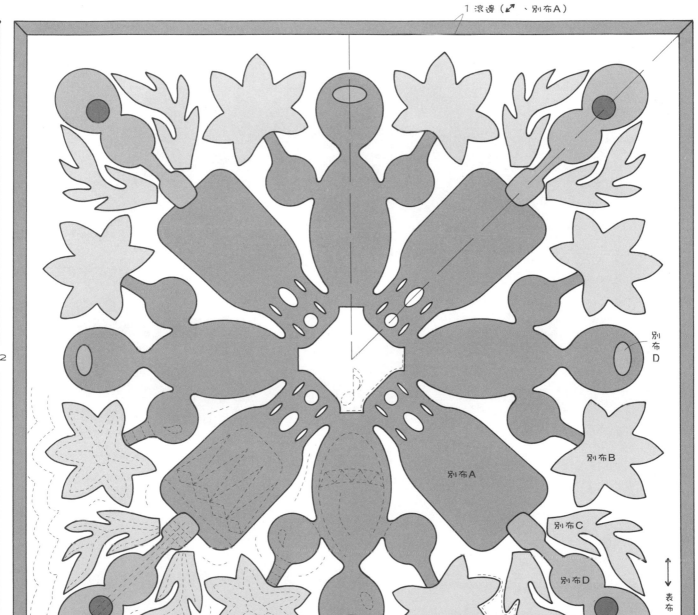

1 滾邊（↗、別布A）

別布D

別布A

別布B

別布C

別布D

別布E

封邊壓線

表布

52

52

貼布圖案是實物大小的型紙A面
型紙的種類和裁剪片數
1/4型紙的貼布-1片

材料

表布（茶色素面）80×110cm
別布（胭脂色素面）65×70cm
鋪棉、襯布各80×110cm
中袋布（印花布）80×75cm
粗2mm的滾邊繩1.5m
3cm寬的提把芯1.4m
50cm的拉鍊1條
處理縫份用的斜紋滾邊條1.5m

作法

1. 貼布摺四摺，裁剪。
2. 把貼布疊在本體的表布上打開，進行貼布縫。完成上層布。
3. 上層布、鋪棉和襯布重疊一起縫壓線。
4. 剪掉周圍多餘的縫份。摺疊入口的縫份縫住拉鍊。
5. 用藏針縫把中袋襯布縫在4上。
6. 襠布壓線，用疏縫把滾邊繩縫在縫份上，和中袋襠布相疊。
7. 本體和襠布的表側各朝向內側，縫合周圍。
8. 用滾邊條包住縫份。
9. 製作提把，縫在本體上。再縫上覆蓋布。

襠布2片
上層布
鋪棉
襯布

中袋襠布2片
印花布

提把2條
表布2片
提把芯2片
別布2片

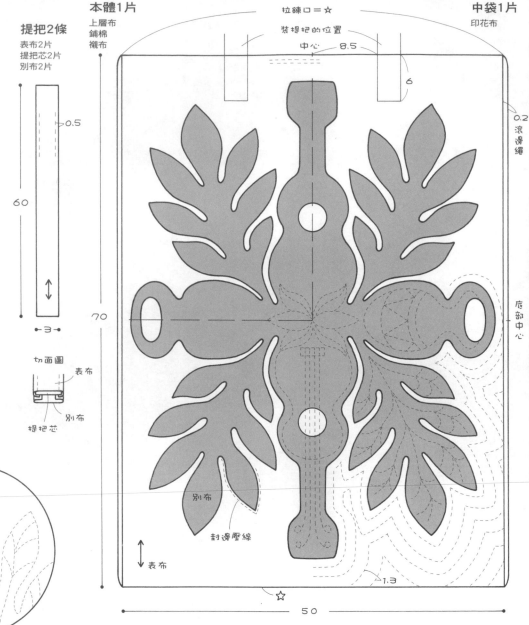

本體1片
上層布
鋪棉
襯布

中袋1片
印花布

提包的作法

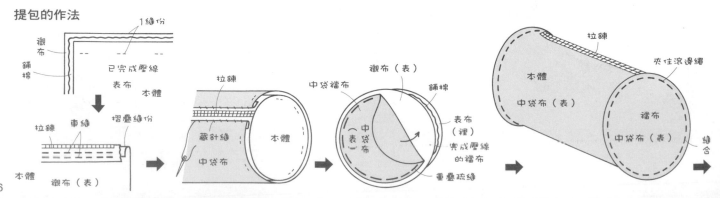

第41頁作品78 龜背芋的壁飾

材料
表布（白色素面）55×55cm
別布（綠色雲染）50×50cm
裝飾邊、滾邊用雲染布90×55cm
鋪棉、襯布各60×60cm

作法
1. 貼布摺成1/8，裁剪。
2. 把貼布疊在表布上打開，進行貼布縫。
3. 在表布上縫上裝飾邊，完成上層布。
4. 上層布、鋪棉和襯布重疊一起縫壓線。
5. 剪掉周圍多餘的縫份，然後加以滾邊。

貼布圖案在123頁型紙
型紙的種類和裁剪片數
　1/8型紙的貼布-1片

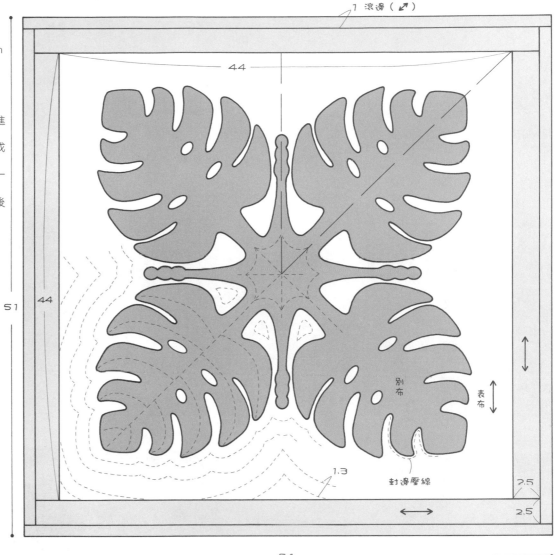

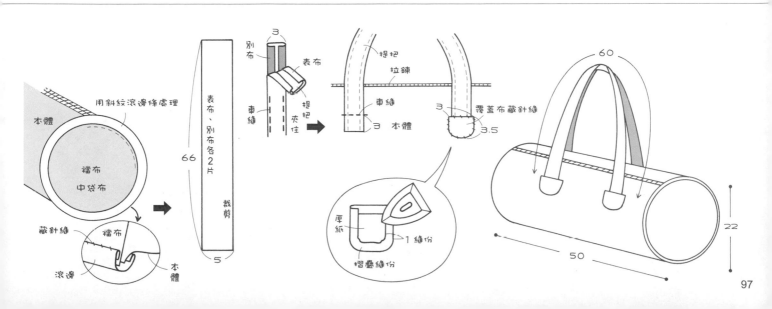

74 茂伊玫瑰的裝飾框
材料

表布（白色圖案布）45×45cm
別布A（綠色雲染）40×40cm
別布B（粉紅色雲染）30×30cm
鋪棉、襯布各45×45cm
歐根紗＝organza（白色）45×45cm
內徑40cm的畫框

貼布圖案是實物大小的型紙B面
型紙的種類和裁剪片數
　　1/8型紙的貼布-1片

75 扶桑花和蕨葉的裝飾框
材料

表布（水色雲染）45×25cm
別布A（綠色雲染）40×30cm
別布B（綠色大理石雲染）45×30cm
別布C（黃色雲染）30×20cm
別布D（橙色雲染）18×18cm
別布E（藍色雲染）45×5cm
別布F（藍色素面）45×20cm
鋪棉、襯布各45×45cm
歐根紗＝organza（白色）45×45cm
內徑40cm的畫框

縮小50％的貼布型紙在B面
型紙的種類和裁剪片數
　　樣版型紙-各1片

73 蠍尾蕉的裝飾框
材料

表布（深綠色圖案布）35×35cm
別布A（綠色雲染）30×30cm
別布B（黃綠色雲染）35×35cm
鋪棉、襯布各35×35cm
歐根紗＝organza（白色）35×35cm
內徑30cm的畫框

貼布圖案在122頁
型紙的種類和裁剪片數
　　1/8型紙的貼布-1片

72 天堂鳥的裝飾框
材料

表布（淡粉紅色雲染）35×35cm
別布A（綠色圖案布）30×30cm
別布B（橙色圖案布）35×35cm
鋪棉、襯布各35×35cm
歐根紗＝organza（白色）35×35cm
內徑30cm的畫框

貼布圖案在122頁
型紙的種類和裁剪片數
　　1/8型紙的貼布-1片

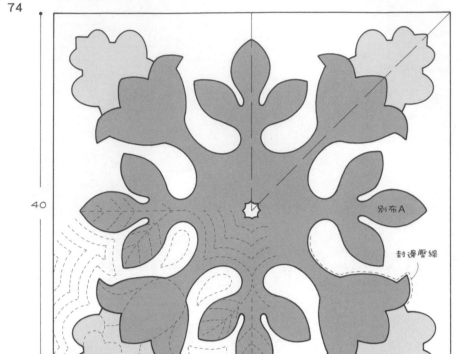

73

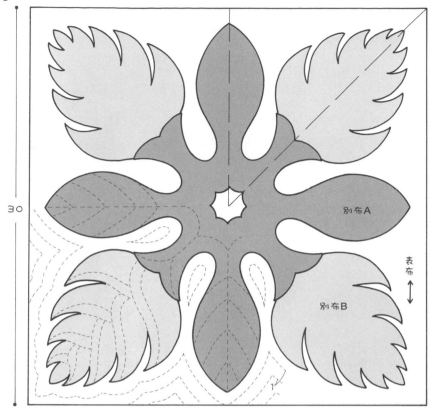

別布A

別布B

表布

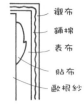

襯布
鋪棉
表布
貼布
歐根紗

幻影拼布的作法

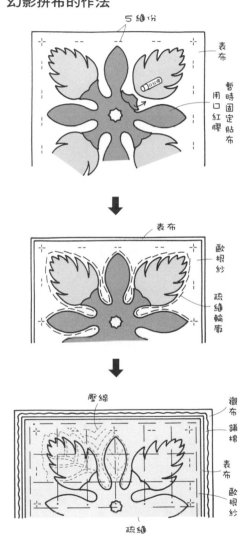

5 縫份

表布

暫時固定貼布用口紅膠

表布

歐根紗

疏縫輪廓

壓線

襯布
鋪棉
表布
歐根紗

疏縫

72

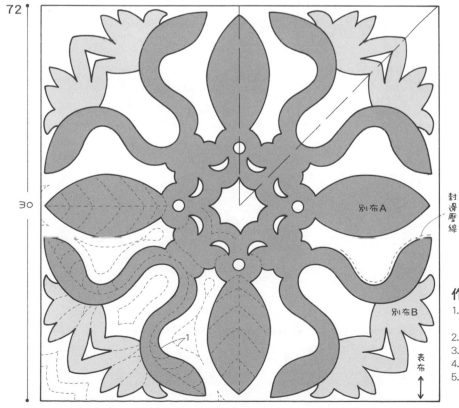

別布A

別布B

封邊壓線

表布

作法（共通）

1. 把裁剪好的貼布疊在表布上，用口紅膠貼住暫時固定。
2. 在貼布上重疊歐根紗，沿著貼布輪廓加以疏縫。
3. 把2、鋪棉和襯布重疊一起縫壓線。
4. 配合畫框的尺寸剪裁，用針車進行鎖縫。
5. 裝入畫框。

第40頁作品77　馬伊雷的裝飾框

材料

表布（水色雲染）35×35cm
別布（黃綠色雲染）30×30cm
鋪棉、襯布各35×35cm
內徑30cm的畫框作法

作法

1. 貼布摺成1/8，裁剪。
2. 把貼布疊在表布上打開，進行貼布縫。完成上層布。
3. 上層布、鋪棉和襯布重疊一起縫壓線。
4. 配合畫框的尺寸剪裁，用針車進行鎖縫。
5. 裝入畫框。

貼布圖案在124頁
型紙的種類和裁剪片數
　　1/8型紙的貼布-1片

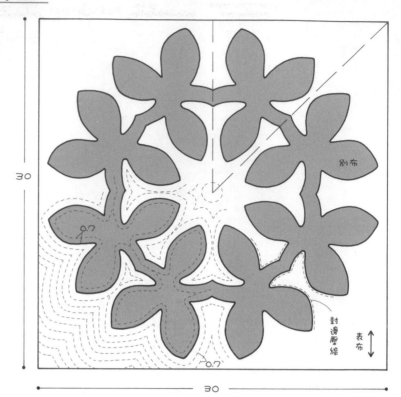

第41頁作品79　雞蛋花的壁飾

材料

表布（水色素面）50×50cm
別布A（藍色素面）80×50cm
別布B（黃色素面）25×25cm
鋪棉 50×50cm
襯布 50×50cm

作法

1. 50×50cm的別布A摺成1/8，和葉片、裝飾邊分別裁剪。別布B摺成1/8，裁剪。
2. 把貼布疊在表布上打開，進行貼布縫。完成上層布。
3. 上層布、鋪棉和襯布重疊一起縫壓線。
4. 剪掉周圍多餘的縫份，然後加以滾邊。

貼布圖案在123頁
型紙的種類和裁剪片數
　　1/8型紙的貼布-1片

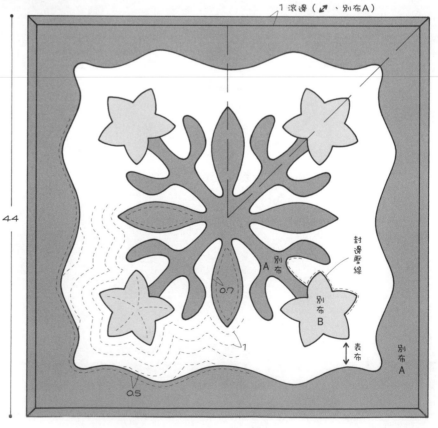

第41頁作品81　扶桑花的壁飾

材料

表布（淺米黃色素面）60×60cm
別布A（綠色雲染）30×30cm
別布B（粉紅色系的雲染）40×40cm
別布C（黃色雲染）60×60cm
鋪棉、襯布各 60×60cm
滾邊布（橙色雲染）30×30cm

作法

1. 別布A到別布C都分別摺成1/8，裁剪成貼布。
2. 把貼布疊在表布上打開，進行貼布縫。完成上層布。
3. 上層布、鋪棉和襯布重疊一起縫壓線。
4. 剪掉周圍多餘的縫份，然後加以滾邊。

貼布圖案是實物大小的型紙B面
型紙的種類和裁剪片數
　1/8型紙的貼布-各1片

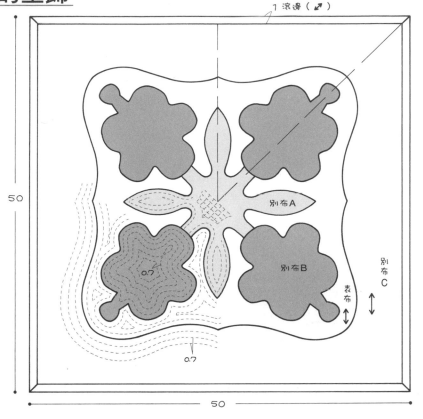

第41頁作品80　麵包樹的壁飾

材料

表布（黃色雲染）60×60cm
別布A（藍色、綠色雲染）50×50cm
別布B（紫色雲染）60×60cm
鋪棉、襯布各60×60cm
滾邊布（綠色雲染）30×30cm

作法

1. 貼布摺成1/8，裁剪。
2. 把別布A的貼布疊在表布上打開，進行貼布縫。要重疊別布B的部分，要以拉伸縫份的狀態，以串縫縫在表布上。
3. 在2上打開別布B，進行貼布縫。完成上層布。
4. 上層布、鋪棉和襯布重疊一起縫壓線。
5. 剪掉周圍多餘的縫份，然後加以滾邊。

貼布圖案是實物大小的型紙B面
型紙的種類和裁剪片數
　1/8型紙的貼布-各1片

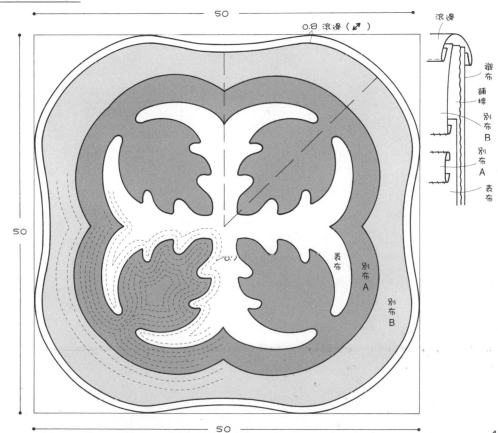

第42頁作品82 雞蛋花的壁飾

貼布圖案是實物大小的型紙B面
型紙的種類和裁剪片數
1/8型紙的貼布-1片、花16片

材料

表布（藍色雲染）60×60cm
別布A（綠色雲染）50×50cm
別布B（白色素面）40×40cm
鋪棉、襯布各60×60cm
滾邊布（藍色雲染）35×35cm
25號刺繡線（黃色）

作法

1. 貼布摺成1/8，裁剪。
2. 把貼布疊在表布上打開，進行貼布縫。再貼上花做貼布縫。完成上層布。
3. 上層布、鋪棉和襯布重疊一起縫壓線。
4. 剪掉周圍多餘的縫份，然後加以滾邊。
5. 在花的中心刺繡。

1 滾邊（↙）

52

0.7

別布A

別布B

表布

封邊壓線

52

第42頁作品83　桃金孃花的壁飾

貼布圖案是實物大小的型紙B面
型紙的種類和裁剪片數
1/8型紙的貼布-1片

材料
表布（米黃色素面）70×70cm
別布（藍紫色素面）100×50cm
鋪棉、襯布各70×70cm

作法
1. 50×50cm的貼布摺成1/8，裁剪。
2. 把貼布疊在表布上打開，進行貼布縫。完成上層布。
3. 上層布、鋪棉和襯布重疊一起縫壓線。
4. 剪掉周圍多餘的縫份，然後加以滾邊。

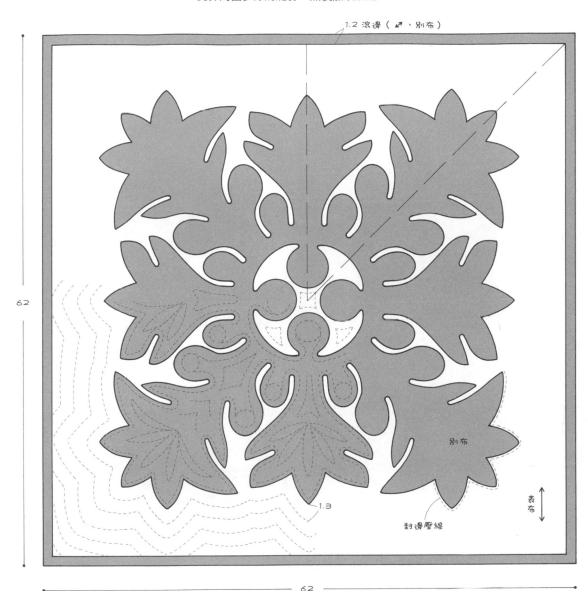

1.2 滾邊（↙、別布）

62

62

1.3

封邊壓線

別布

表布

●**有關斜紋滾邊條**　　用正方形的布塊來製作斜紋滾邊條最簡單。若要完成0.7～0.8cm寬度的滾邊時，需要製作3.5cm寬的斜紋滾襯條；要完成1cm寬的滾邊時，則要製作4cm寬的斜紋滾邊條。

1. 從正方形的對角線剪開，
　 用針車密車縫布邊。

2. 以滾邊條的寬度畫線，
　 1段段移動車縫。

3. 剪成螺旋狀。

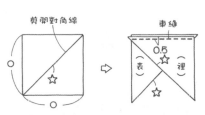

剪開對角線

車縫

0.5

（表）

（裡）

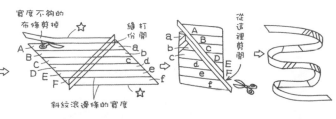

寬度不夠的
布條剪掉

縫打
份開

斜紋滾邊條的寬度

從這裡剪開

正方形（○cm）的基準
和斜紋滾邊條的長度
（4cm寬度時）
20×20cm---80cm
25×25cm---1.3m
30×30cm---2m
35×35cm---2.8m

103

第43頁作品85 椰子樹的壁飾

貼布圖案是實物大小的型紙B面
型紙的種類和裁剪片數
1/8型紙的貼布-1片

材料
表布（薄荷綠素面）65×65cm
別布（焦茶色素面）100×60cm
鋪棉、襯布各65×65cm

作法
1. 60×60cm的貼布摺成1/8，裁剪。
2. 把貼布疊在表布上打開，進行貼布縫。洞也要縫
　　（參照45頁）。完成上層布。
3. 上層布、鋪棉和襯布重疊一起縫壓線。
4. 剪掉周圍多餘的縫份，然後加以滾邊。

1滾邊（ ↙ 、別布）

52

52

別布

表布

1

第43頁作品84 蕨葉的壁飾

貼布圖案是實物大小的型紙B面
型紙的種類和裁剪片數
1/8型紙的貼布-1片

材料

表布（焦茶色素面）100×65cm
別布（綠色素面）60×60cm
鋪棉、襯布各65×65cm
25號刺繡線（綠色、黃色）

作法

1. 貼布摺成1/8，裁剪。
2. 把貼布疊在65×65cm表布上打開，進行貼布縫。
   完成上層布。
3. 上層布、鋪棉和襯布重疊一起縫壓線。
4. 剪掉周圍多餘的縫份，然後加以滾邊。
5. 在蕨葉進行法式結粒繡（6股線）。

1滾邊（ ↙ 、表布）

表布

別布

52

52

第44頁作品86 鳶尾花的壁飾

材料
表布（黃色、橙色雲染）110×65cm
別布（白色素面）45×45cm
鋪棉、襯布各65×65cm

作法
1. 貼布摺成1/8，裁剪。
2. 把貼布疊在65×65cm的表布上打開，進行貼布縫。完成上層布。
3. 上層布、鋪棉和襯布重疊一起縫壓線。
4. 剪掉周圍多餘的縫份，然後加以滾邊。

貼布圖案在124頁
型紙的種類和裁剪片數
　　1/8型紙的貼布-1片

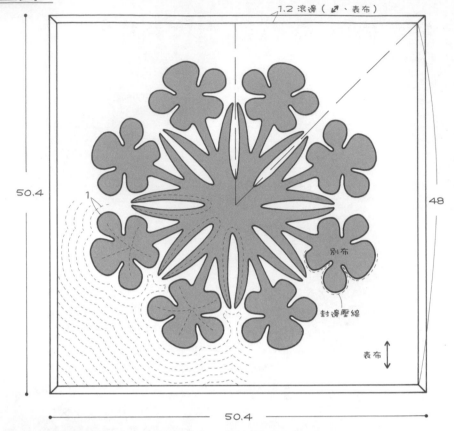

第44頁作品87　天使喇叭花的壁飾

材料
表布（綠色、藍色系的雲染）110×65cm
別布（白色素面）45×45cm
鋪棉、襯布各65×65cm

作法
1. 貼布摺成1/8，裁剪。
2. 把貼布疊在65×65cm的表布上打開，進行貼布縫。完成上層布。
3. 上層布、鋪棉和襯布重疊一起縫壓線。
4. 剪掉周圍多餘的縫份，然後加以滾邊。

貼布圖案在124頁
型紙的種類和裁剪片數
　　1/8型紙的貼布-1片

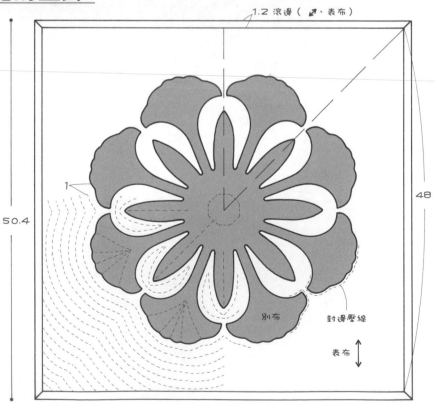

實物大小的型紙

◎縫合線和裁切線（剪布的線）兩者都有標記。
　從裁切線裁剪。
◎必要的縫份在型紙上有標記。
◎型紙分為1/8、1/4、1/2和樣版型紙共4種。
　（參照45頁）

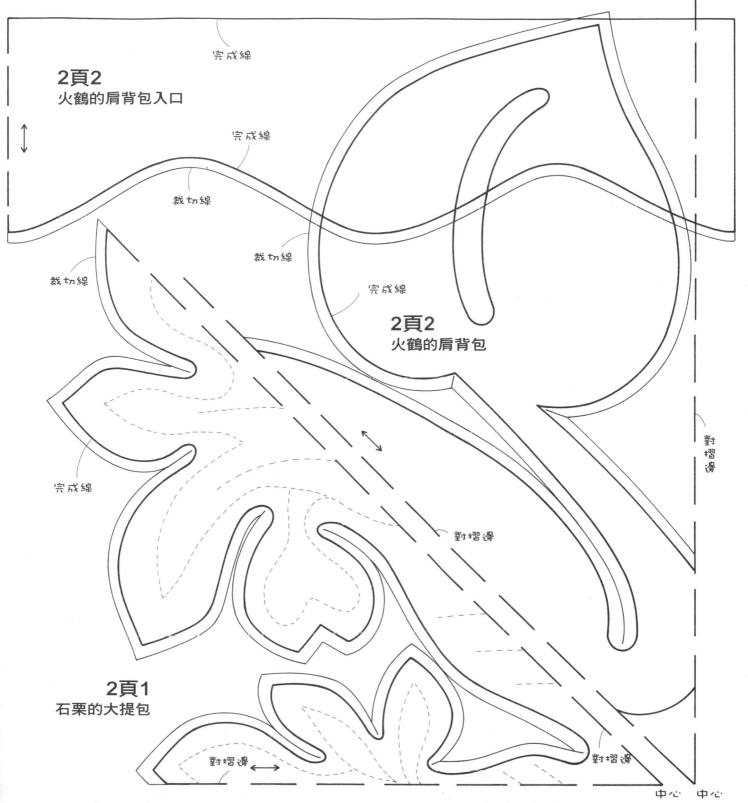

2頁2
火鶴的肩背包入口

完成線

完成線

裁切線

裁切線

裁切線

完成線

2頁2
火鶴的肩背包

對摺邊

完成線

對摺邊

2頁1
石栗的大提包

對摺邊

對摺邊

中心　中心

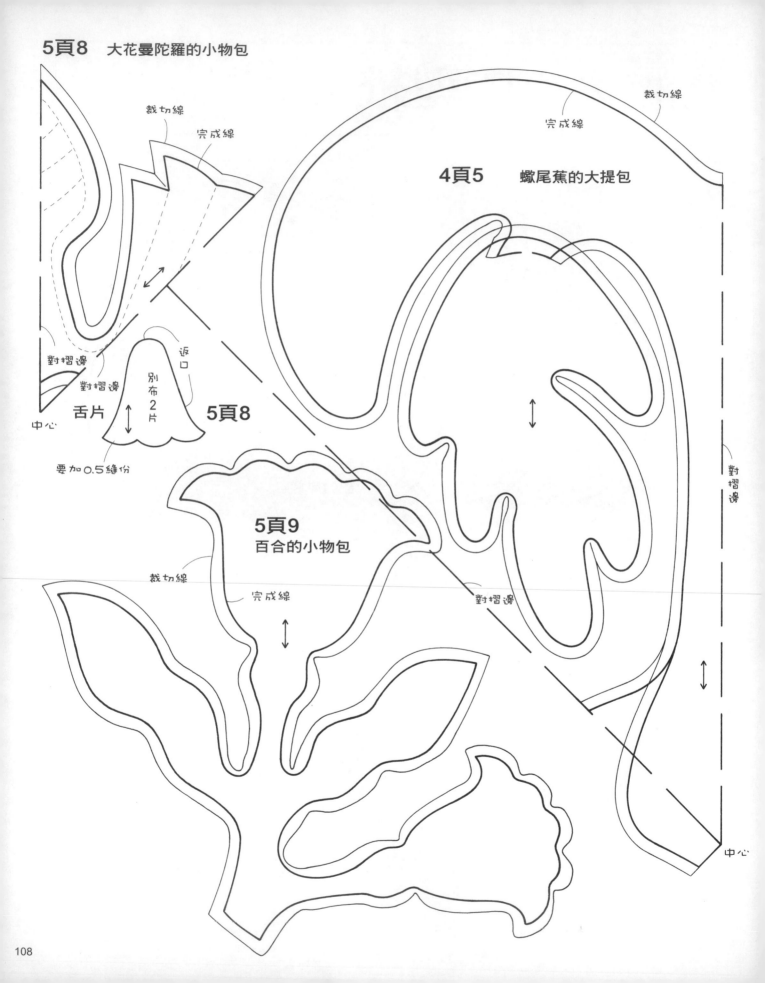

5頁8 大花曼陀羅的小物包

裁切線
完成線

裁切線
完成線

4頁5 蠍尾蕉的大提包

對摺邊

對摺邊

中心

對摺邊
對摺邊
中心

舌片

別布2片

返口

5頁8

要加0.5縫份

5頁9
百合的小物包

裁切線
完成線

對摺邊

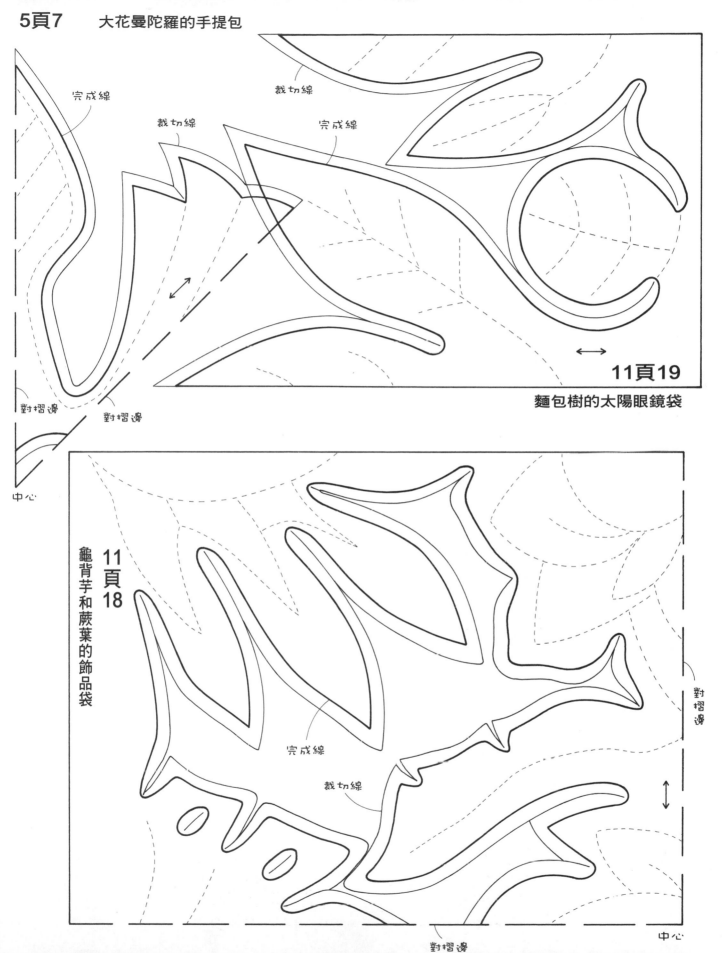

完成線

裁切線

裁切線

完成線

對摺邊

對摺邊

中心

11頁19

麵包樹的太陽眼鏡袋

11頁18

龜背芋和蕨葉的飾品袋

完成線

裁切線

對摺邊

對摺邊

中心

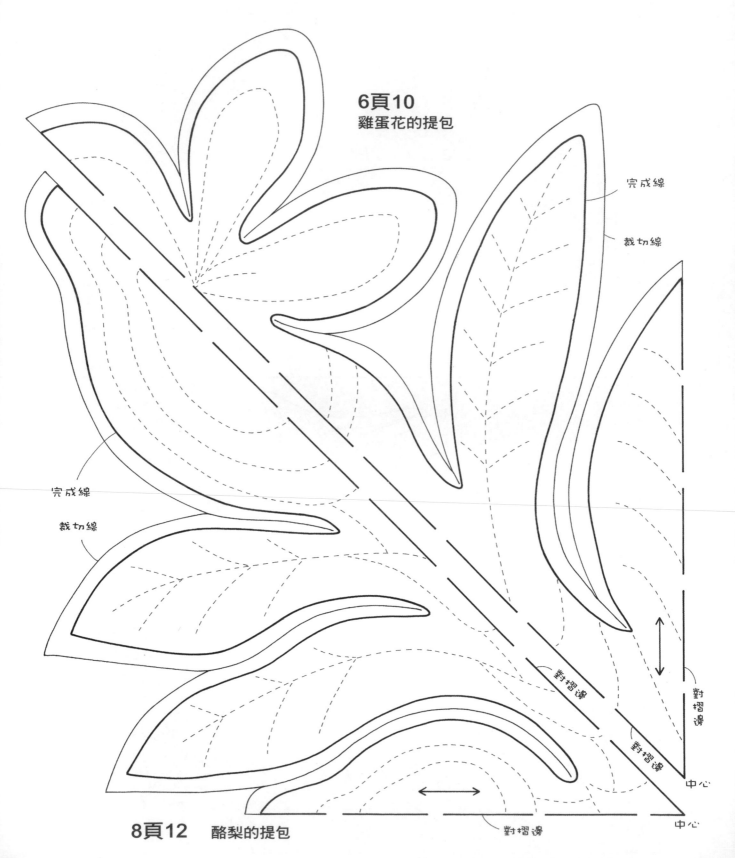

6頁10
雞蛋花的提包

完成線

裁切線

完成線

裁切線

對摺邊

對摺邊

對摺邊

中心

中心

8頁12　酪梨的提包

對摺邊

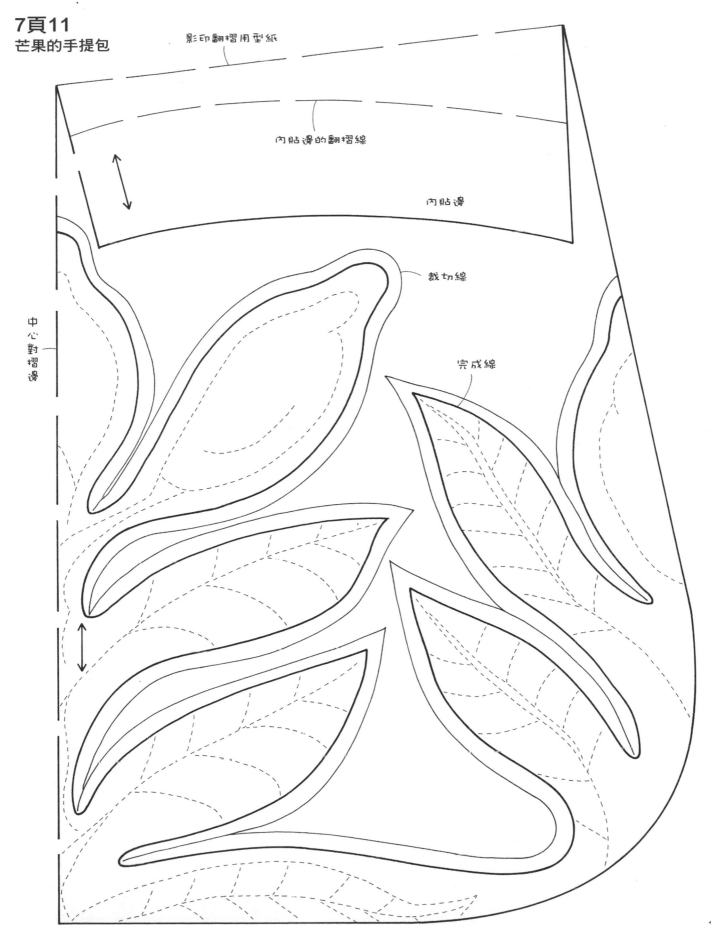

影印翻摺用型紙

內貼邊的翻摺線

內貼邊

裁切線

中心對摺邊

完成線

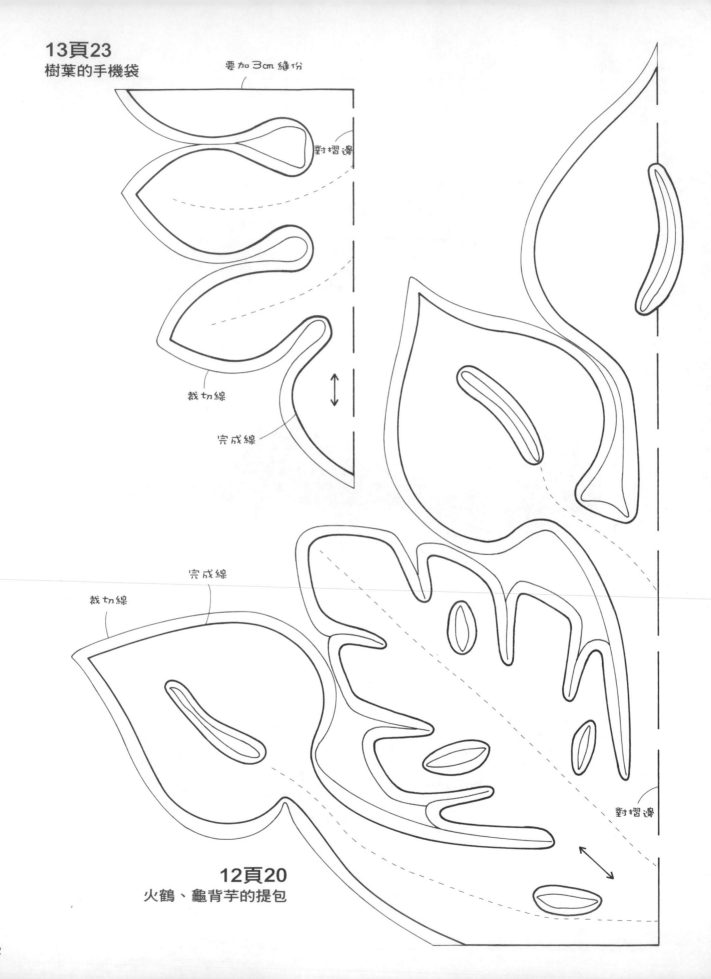

13頁23
樹葉的手機袋

要加3cm縫份

對摺邊

裁切線

完成線

完成線

裁切線

對摺邊

12頁20
火鶴、龜背芋的提包

對摺邊　　中心

裁切線

完成線

11頁16
龜背芋的貴重物品袋

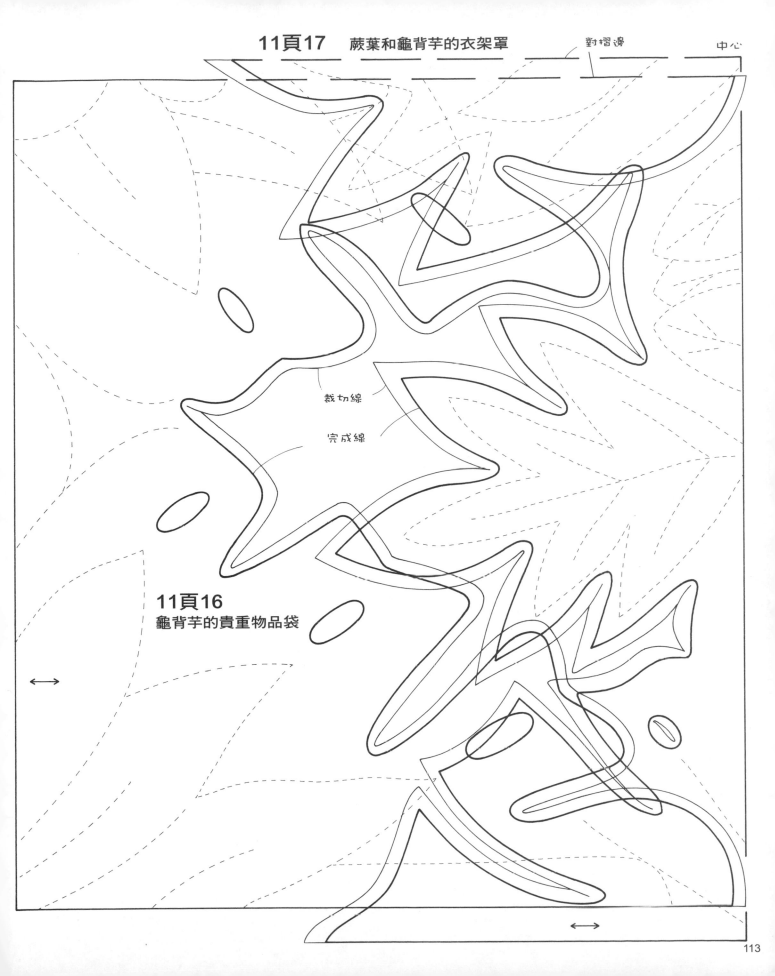

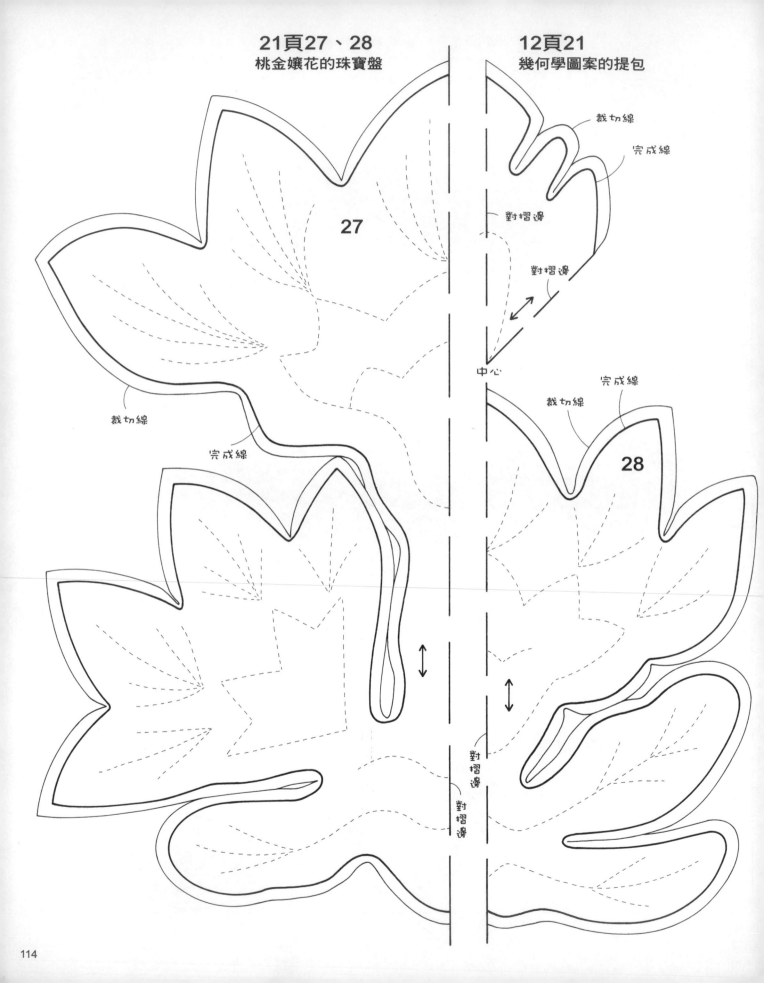

裁切線

完成線

對摺邊

對摺邊

中心

27

裁切線

完成線

裁切線

完成線

28

對摺邊

對摺邊

13頁22 樹葉的肩背包

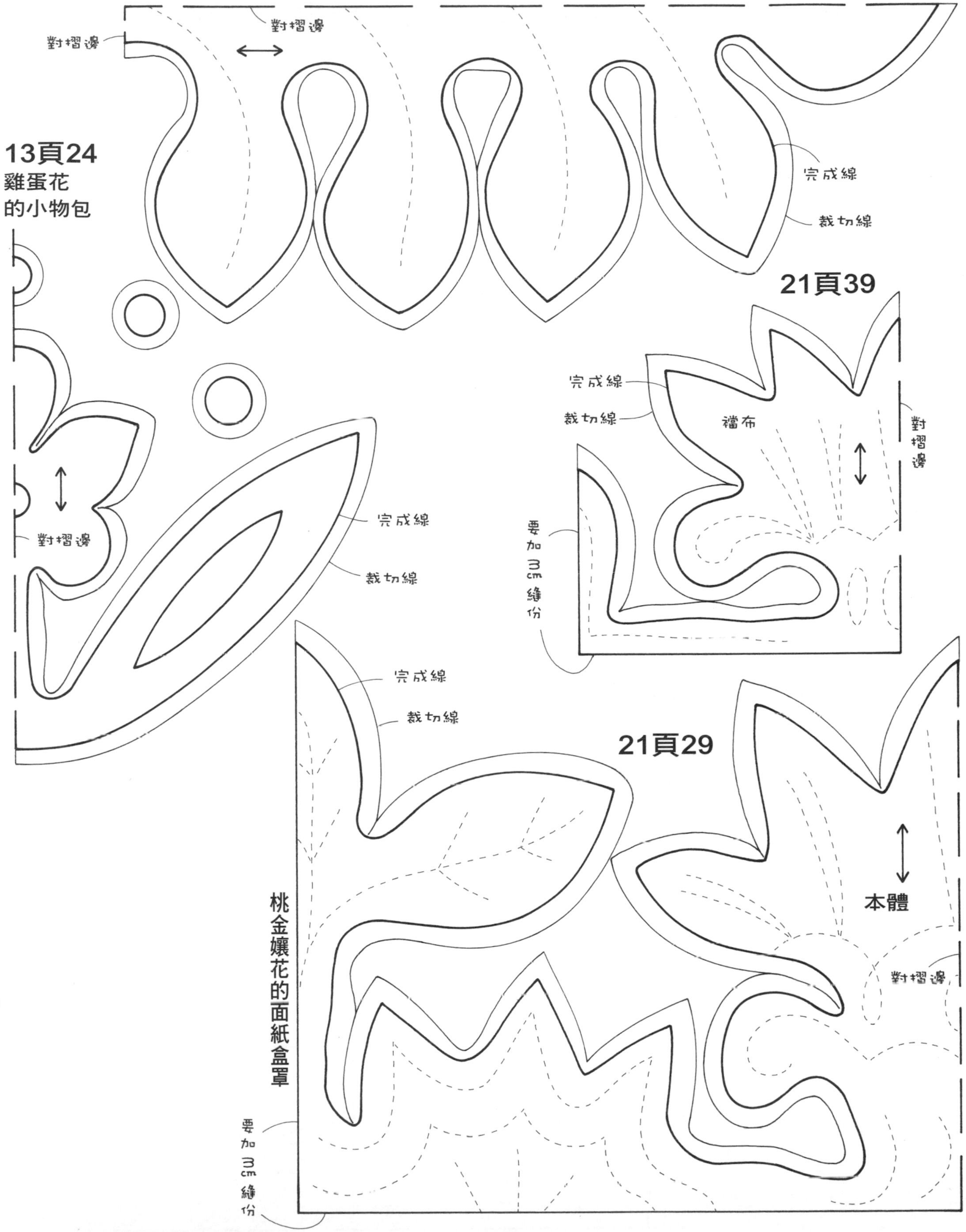

對摺邊

對摺邊 ↔

完成線

裁切線

13頁24
雞蛋花
的小物包

完成線

裁切線

對摺邊

21頁39

完成線

裁切線

襠布

對摺邊

要加3cm縫份

完成線

裁切線

21頁29

本體

對摺邊

桃金孃花的面紙盒罩

要加3cm縫份

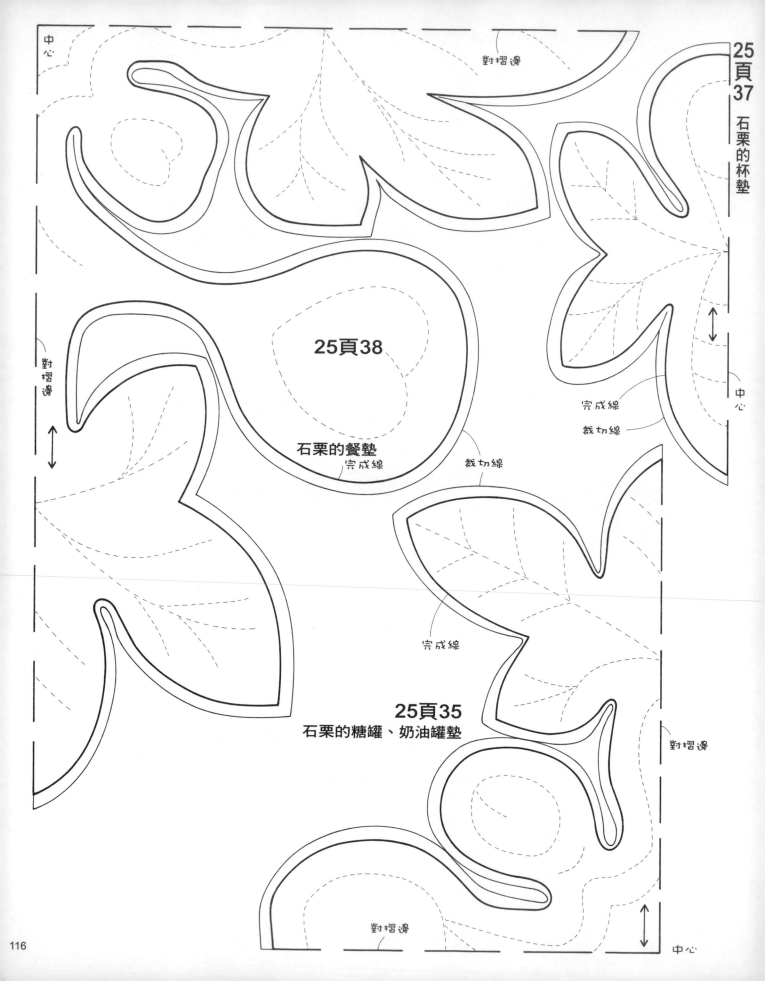

中心

對摺邊

25頁38

石栗的餐墊
完成線

完成線

裁切線

裁切線

完成線

中心

石栗的杯墊

對摺邊

對摺邊

25頁35
石栗的糖罐、奶油罐墊

對摺邊

中心

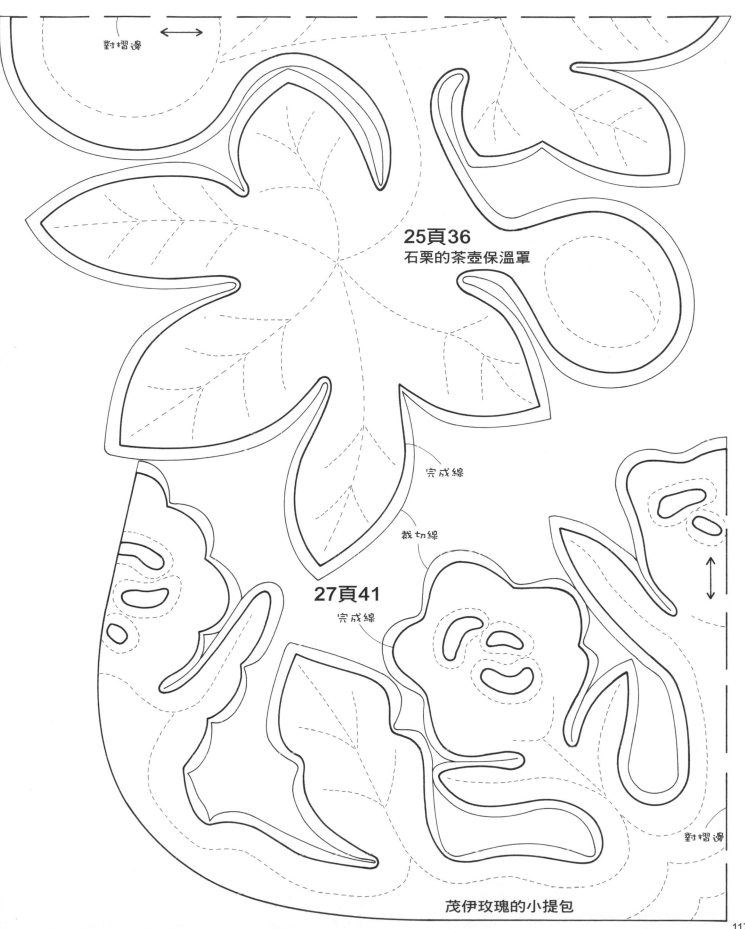

對摺邊

25頁36
石栗的茶壺保溫罩

完成線

裁切線

27頁41

完成線

對摺邊

茂伊玫瑰的小提包

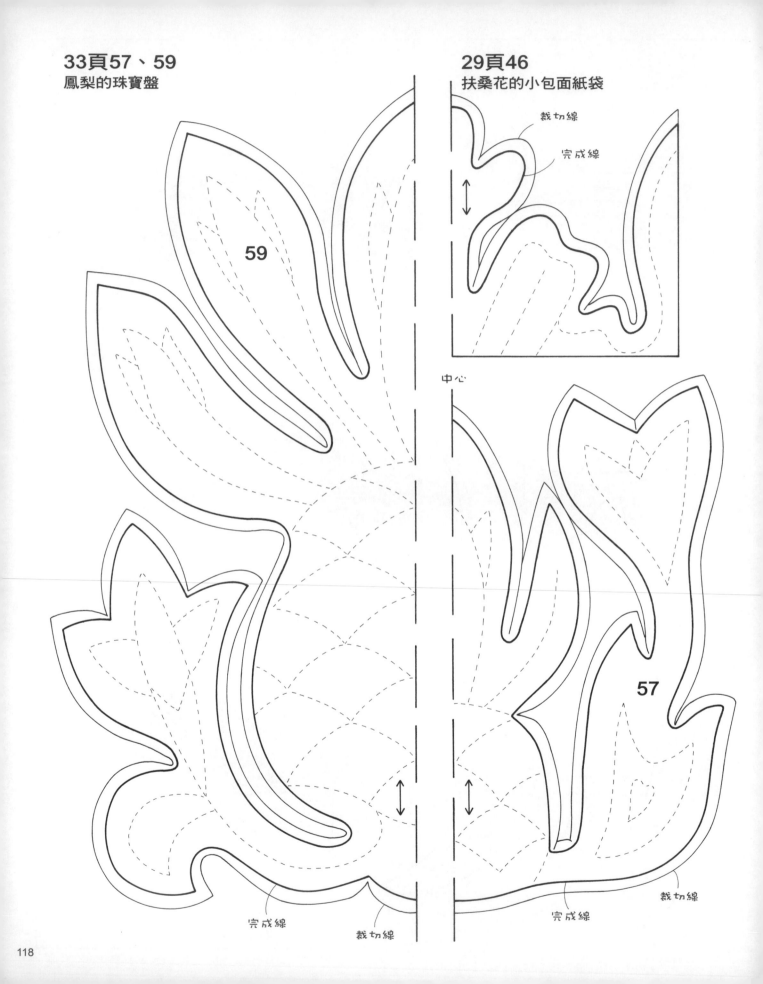

33頁57、59
鳳梨的珠寶盤

29頁46
扶桑花的小包面紙袋

裁切線

完成線

59

中心

57

完成線

裁切線

完成線

裁切線

118

31頁51、52
薑花的茶具墊

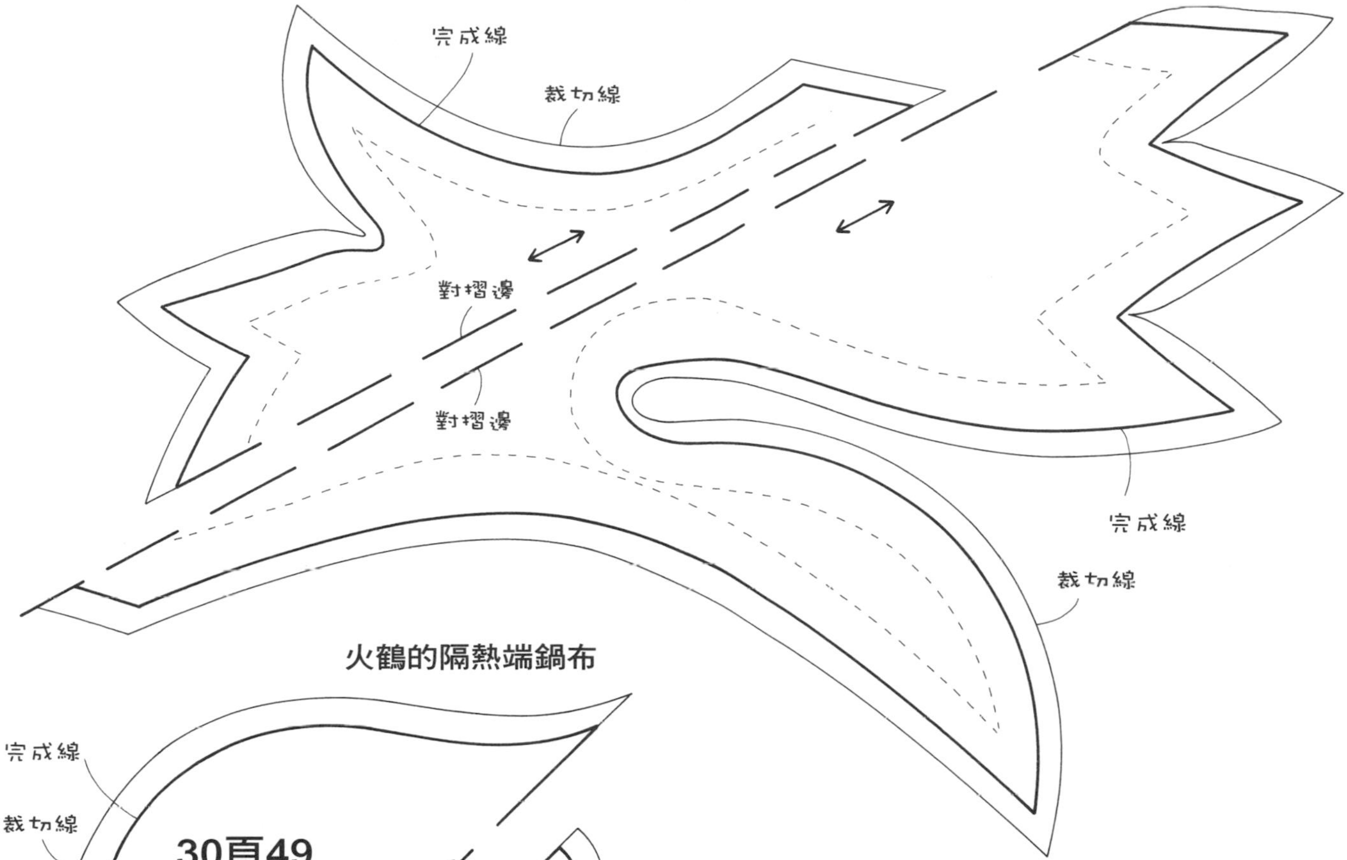

完成線

裁切線

對摺邊

對摺邊

完成線

裁切線

火鶴的隔熱端鍋布

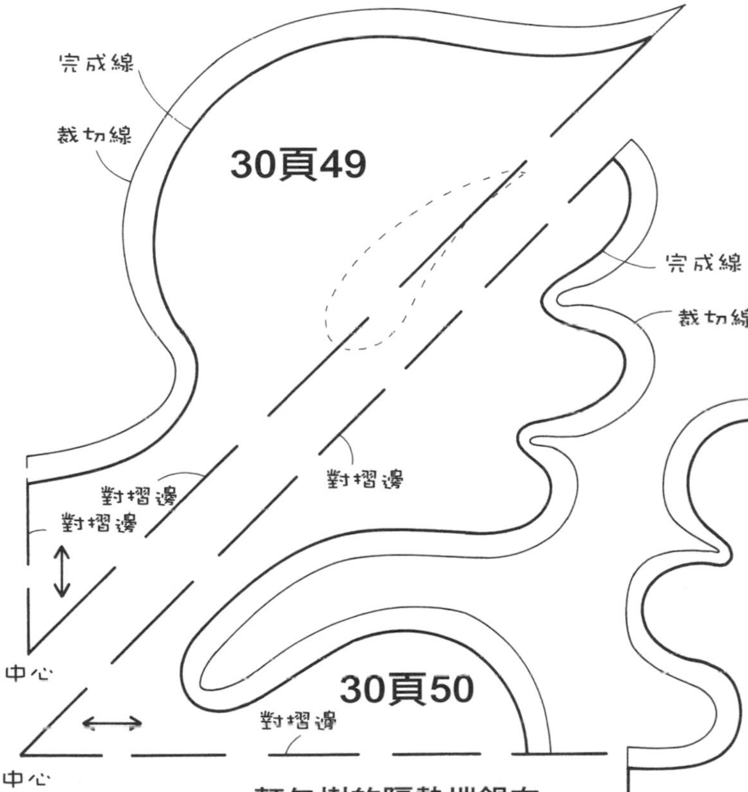

完成線

裁切線

30頁49

完成線

裁切線

對摺邊

31頁53、54
石栗的茶具墊

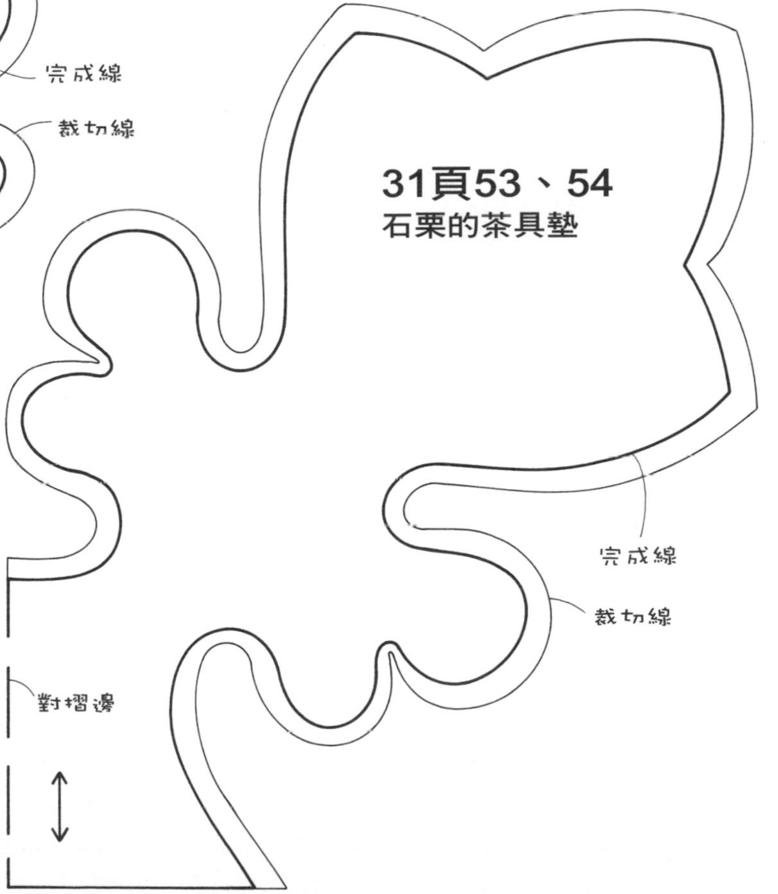

對摺邊
對摺邊

中心

30頁50

對摺邊

中心

麵包樹的隔熱端鍋布

完成線

裁切線

對摺邊

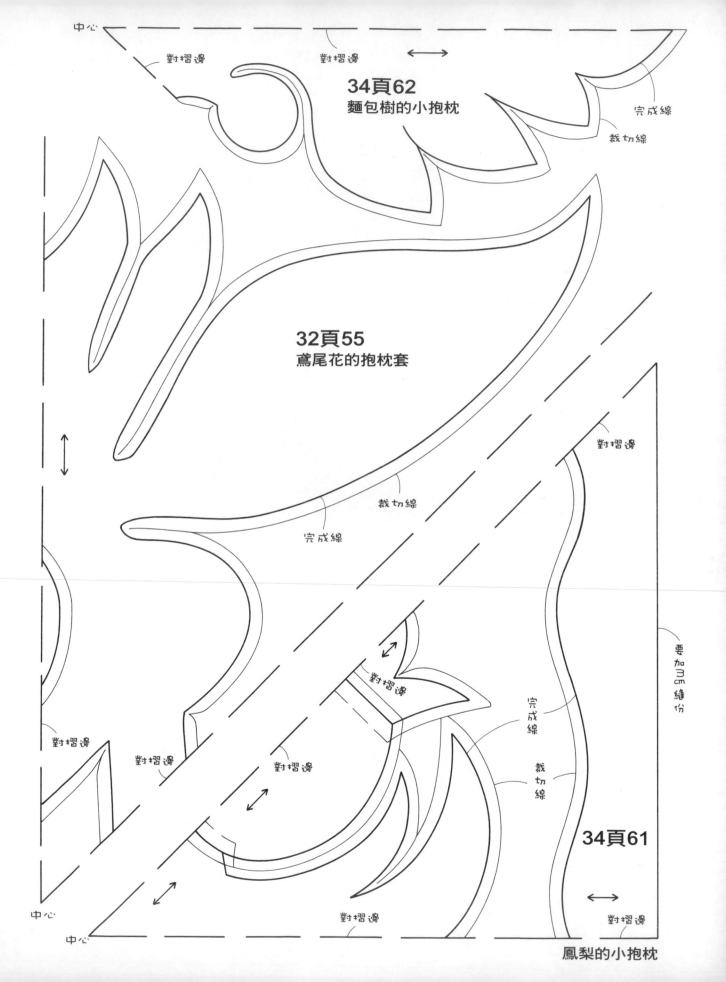

中心

對摺邊　　　　　對摺邊

34頁62
麵包樹的小抱枕

完成線

裁切線

32頁55
鳶尾花的抱枕套

裁切線

對摺邊

完成線

要加3cm縫份

對摺邊

對摺邊

對摺邊

完成線

裁切線

34頁61

中心

中心

對摺邊

對摺邊

鳳梨的小抱枕

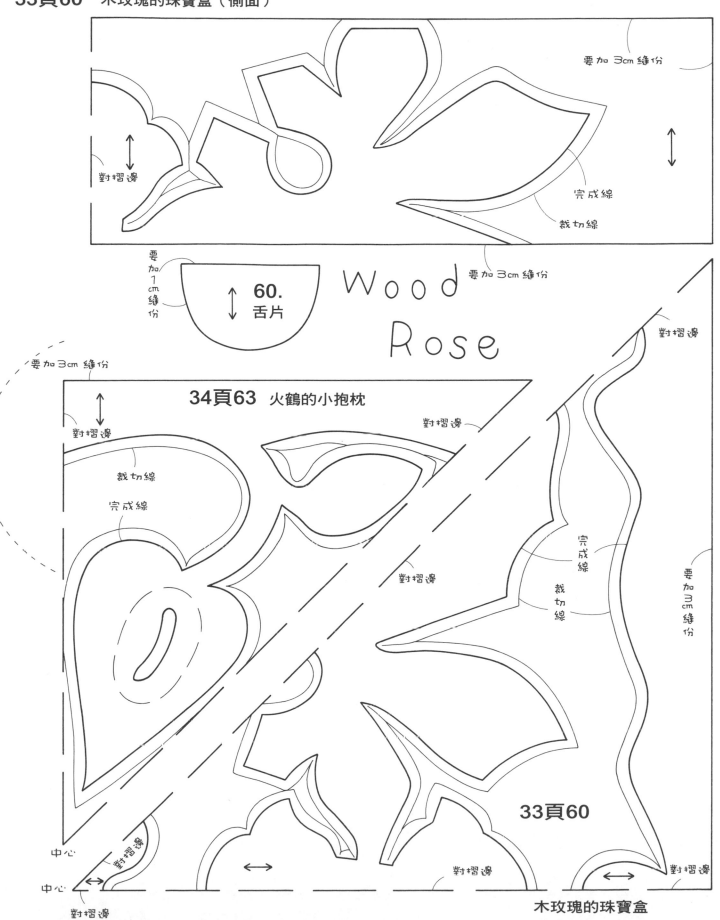

要加3cm縫份

對摺邊

完成線

裁切線

要加3cm縫份

要加1cm縫份

60.
舌片

Wood
Rose

要加3cm縫份

對摺邊

34頁63 火鶴的小抱枕

對摺邊

裁切線

完成線

對摺邊

完成線

裁切線

對摺邊

要加3cm縫份

33頁60

中心

對摺邊

中心

對摺邊

對摺邊

對摺邊

木玫瑰的珠寶盒

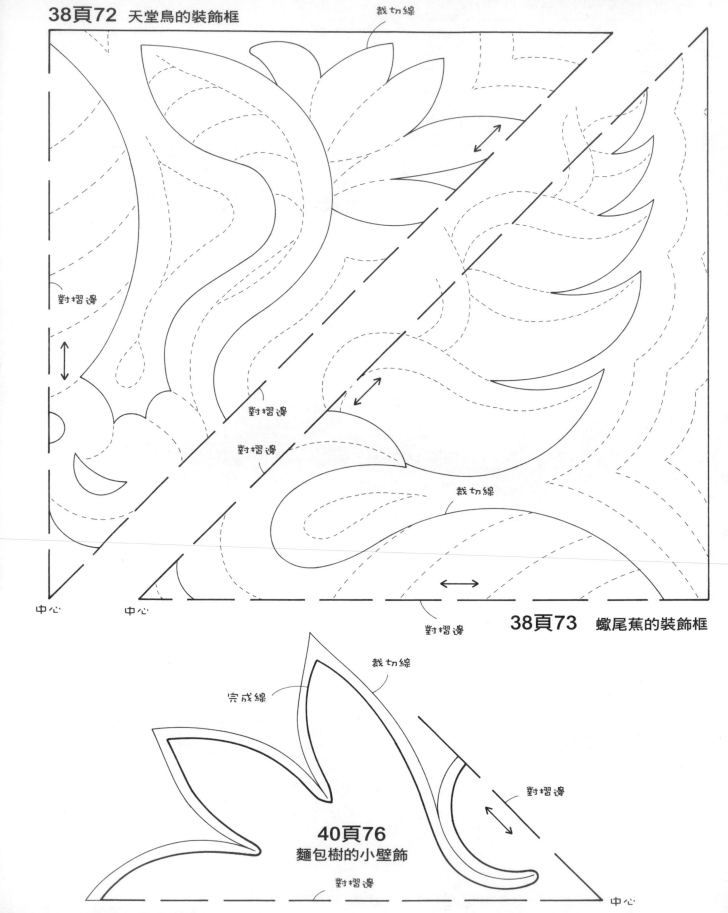

38頁72 天堂鳥的裝飾框

裁切線

對摺邊

對摺邊

對摺邊

中心　　　中心

38頁73　蠍尾蕉的裝飾框

裁切線

對摺邊

裁切線

完成線

40頁76
麵包樹的小壁飾

對摺邊

對摺邊

中心

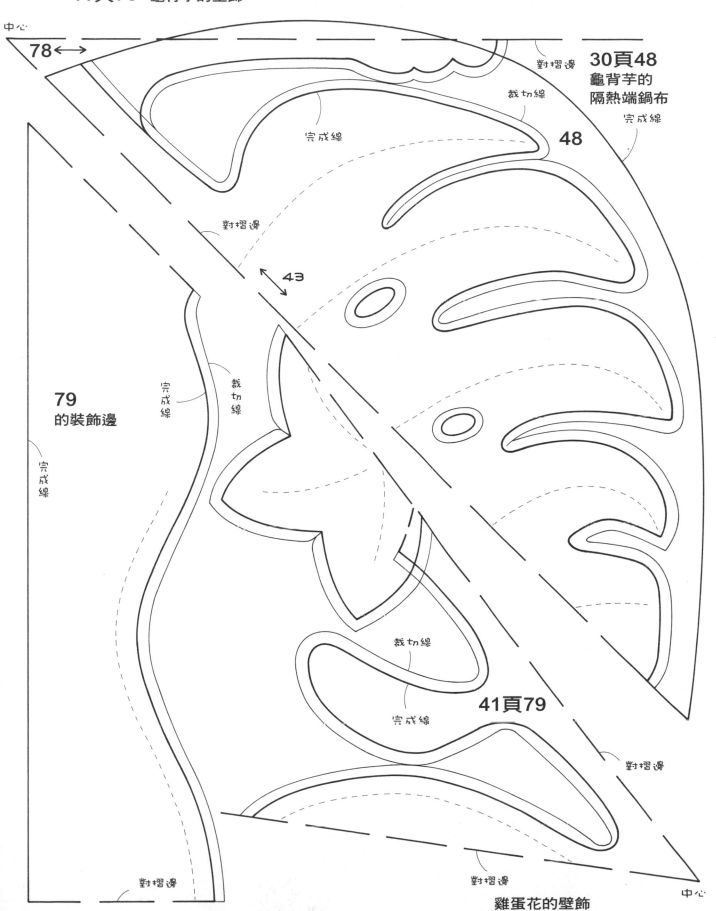

中心

78 ←→

30頁48
龜背芋的
隔熱端鍋布

48

完成線

對摺邊

裁切線

完成線

對摺邊

43

79
的裝飾邊

完成線

完成線

裁切線

裁切線

41頁79

完成線

對摺邊

對摺邊

對摺邊

中心

雞蛋花的壁飾

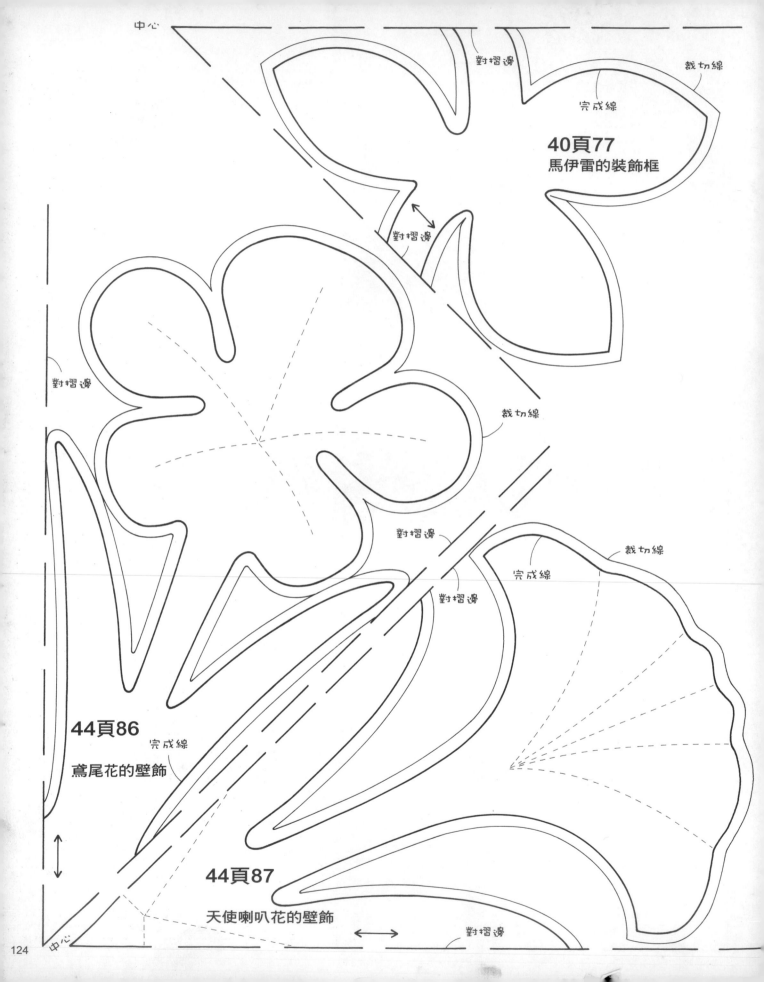